스타일,
인문학을
읽다

어딘가 끌리는 이들의 남다른 패션 비결

스타일,
인문학을 입다

지은이 | 스타일 코치 이문연
펴낸곳 | 북포스
펴낸이 | 방현철

편집자 | 공순례
디자인 | 엔드디자인

1판 1쇄 찍은날 | 2013년 12월 13일
1판 1쇄 펴낸날 | 2013년 12월 20일

출판등록 | 2004년 02월 03일 제313-00026호
주소 | 서울시 영등포구 양평동5가 18 우림라이온스밸리 B동 512호
전화 | (02)337-9888
팩스 | (02)337-6665
전자우편 | bhcbang@hanmail.net

이 도서의 국립중앙도서관 출판시도서목록(CIP)은 e-CIP 홈페이지(http://www.nl.go.kr/ecip)와
국가자료공동목록시스템(http://www.nl.go.kr/kolisnet)에서 이용하실 수 있습니다.
(CIP제어번호: 2013026412)

ISBN 978-89-91120-74-7 03590
값 20,000원

어딘가 끌리는 이들의 남다른 패션 비결

스타일, 인문학을 입다

· 스타일 코치 이문연 ·

북포스

내면과 외면의
조화를 이루는
나만의 스타일을 찾아서

우리는 모두 외적으로 멋진 사람한테 끌린다. 현대 사회가 너무 외모 지상주의로 흐르는 점에 부정적인 입장이긴 하지만, 사람은 누구나 예쁘고 멋진 것에 끌리게 마련이다. 그것은 유전적으로 더 멋진 DNA를 얻고자 하는 진화론적인 부분이기도 하고 어렸을 때부터 눈에 보이는 것 위주로 평가하고 생각하고 교육받은 '학습된' 결과물이기도 하다. 그래서 우리는 기어 다니고 옹알이를 하기 시작하는 순간부터 겉으로 보여지는 '미'에서 자유로울 수 없으며, 역시나 이런 것에서 자유롭지 못한 주변 환경에 의해 무의식적으로 '미를 의식화'한다. 본인이 이런 환경에서 단단해지거나 환경 자체를 바꾸지 않는 한 죽을 때까지 이런 영향은 끊이지 않는다.

하지만 젊음과 아름다움은 남자든 여자든 끽해야 20대를 넘기기 어렵다. 30대부터 노화가 시작되면서 이제는 젊음과 아름다움으로 승부할 수 없다는 것을 알아차리게 된다. 물론 인위적인 공사(?)가 아니라 노력에 따라 노화를 조금 더 늦출 수는 있겠지만 노화에 순응해야 하는 것은 인간의 숙명과도 같은 것이다. 이효리가 유기견 보호에 앞장서는 것으로 삶의 방향성을 잡은 것도 이런 맥락이라고 생각한다. 섹시함의 대명사였던 이효리는 예쁘기도 하고, 털털하기도 해서 남녀 모두가 좋아하는 연예인이기도 하다(나 역시 내숭 안 떠는 그녀의 모습이 좋다. 물론 그녀는 옷도 잘 입는다). 30대 중반을 넘어가고 있는 그녀로서는 기존의 컨셉만으로는 사람들에게 어필하기 힘들다는 것을 느꼈을 것이다. 그래서 그동안은 '보여지는' 연예인으로서의 이효리였다면 앞으로는 '살아가는' 나로서의 이효리를 찾아야겠다는 생각을 하지 않았을까 한다. 그래서 사람들은 이효리의 컨셉이 바뀌었다고 생각하겠지만, 내가 보기에 그것은 이효리라는 사람의 한 부분을 보여줬다고 생각한다. '보여지는' 것에서 벗어나 '살아가는' 것으로 눈을 돌려 '드러나기' 시작한 것이다. 사람들에게 어필하려고 애쓰는 것이 아니라 생긴 대로 살아가고자 하는 노력이라는 얘기다.

외면보다는 내면이 중요하다는 말을 하려는 것은 아니다. 《스타일의 전략》이라는 책에 Smart&Pretty(똑똑하면서도 멋진)라는 단어의 조합이 나오는데, 나는 이 단어의 조합이 굉장히 멋지다고 생각했다. 왜냐하면 나 역시 '똑똑하면서도 멋진'은 이제까지 공존하기 힘든 이분법적인 형태라고 생각했기 때문이다. 하지만 이것은 기존의 똑똑함과 멋진으로 통용된 '지식'과 '외모'에서 벗어나 앞으로는 조금 다르게 사용되지 않을까 싶다. 똑똑함은 지식을 넘어 기발한 아이디어맨(예: 스티브 잡스)까지 포함할 것이며, 멋진은 외모를 넘어 개성 있는 사람(예: 싸이)까지를 포함할 것이다. 모든 사람이 똑같이 가지고 있던 개념들이 흐름에 따라 서서히 바뀔 거라는 말이다. 평범한 사람보다 꽃거지가 멋진 이유는 '꽃' 거지이기 때문이다. 평범한 사람이 가지고 있지 않은 자기만의 취향, 자기만의 개성, 자기만의 스타일을 갖고 있기 때문이다. 앞으로는 나만의 '꽃'을 가지고 있지 않은 사람이라면 '멋지다'라는 평을 듣기 힘든 세상이 올 것이다. 그래서 멋진 외면을 가꾸는 것이 중요하다는 말은 인공적으로 가꾸라는 말이 아니라 '나를 나답게 드러내라'는 말의 다른 표현인 것이다. 그래서 이효리가 순심이랑 같이 사는 것 아니겠는가?

단단한 내면을 만드는 법! 이 세상에서 나를 지키는 내면 키우기! 뭐 이런 책이 있다면 잘 팔릴까? 적어도 자살하는 사람은 좀 줄어들지 않을까 생각해본다. 얼마 전 크리에이티브 디렉터 우종완 씨가 자살했다. 재치 있는 입담과 어떤 전문가보다 예리한 패션 감각으로 많은 프로그램을 담당했던 그였는데 갑자기 세상을 등진 것이다. 그는 패션 관련 종사자 중 내가 좋아하는 사람 중 한 명이기도 했다. 멋진 외모와 남부러울 것 없어 보이는 사람들이 자살을 선택하는 이유는 무엇일까? 멋진 외면과 함께 단단한 내면이 공존해야 하는 이유는 나를 '나로' 더 빛나게 하기 위해서다. 외면과 내면은 상호작용하에 더 시너지를 발휘한다. 단단한 내면이 없는 멋진 외면은 부실공사로 지어진 건물과도 같다. 나는 집을 지어본 적은 없지만 단단한 내면은 집을 지을 때 안에 골조를 세우는 내장재라고 생각한다. 단단한 내면을 바탕으로 외적인 부분이 채워져야 진정으로 멋진 외면이라고 생각한다. 삼풍백화점이 왜 무너졌을까? 그 충격적인 사건을 대한민국 국민이라면 누구나 다 알고 있듯이 형편없는 내장재로 부실시공을 했기 때문이다. 부자 동네에 지은 럭셔리한 백화점인 것처럼 보였지만 결국 500명 이상의 사망자를 낸 속 빈 껍데기였던 것이다. 부실한 내면은 이렇듯 무섭다. 유명 연예인들의 자살과 삼풍백화점 붕괴는 참 많이 닮았다.

우리는 변화를 원한다. 더 나은 내가 되기를 원한다. 그런데 속을 바꿀 생각은 하지 않고 겉만 바꿔놓고는 속까지 바꿨다는 착각에 빠져든다. 옷을 사고, 성형을 하는 이유다. 현재의 내가 마음에 들지 않는데, 근본적인 원인을 찾아 바꾸려고 하니 시간이 오래 걸릴 것 같아 포장지만 싹 바꾸는 식이다. 그러면 뭔가 바뀔 것 같은 기분이 드는 것이다. 성형과 스타일은 실제로 자신감을 업그레이드하는 데 도움을 준다. 새로운 나의 모습, 더 나은 나의 모습을 발견하는 데 그만큼 쉽고 빠른 결과물을 얻을 수 있는 방법은 '거의' 없다고 본다. 그렇기 때문에 외적인 변화가 특별히 필요한 사람은 그렇게 하는 것도 괜찮다. 하지만 근본적인 원인이 개선 혹은 치유되지 않는 이상 성형이나 스타일로 바꾼 자신감은 오래가지 않는다. 더 나아질 수 있는 '계기'는 될지언정 완벽한 해결책은 아니라는 것이다. 우리는 이 점을 알아야 한다.

얼마 전 스타일 코칭을 하기에 앞서 아울렛에 사전 쇼핑을 하러 갔는데 괜찮은 야상을 발견해 입어보았다. 오 마이 갓! 너무 예쁜 것이다. 마네킹에 걸려 있을 때는 '그냥 좀 괜찮네' 정도였는데 실제로 입어보니 완전히 내 옷이라는 생각이 드는 거다. (옷은 대부분 이런 걸 사

야 한다. 입었을 때 내 것 같은, 그만큼 잘 어울리는 옷.) 거울에 비친 내가
자꾸 결제를 하라고 부추겼지만 다행히 유혹을 견디고 매장을 나왔
다. 너무너무 사고 싶었지만 그것을 입었을 때의 기쁨(감정적 판단)에
대해 매장 안에서는 객관적으로 판단하기 힘들기에, 매장을 나와 그
것을 샀을 때의 부담감(이성적 판단)을 고려해 최종 결정을 내렸다. 인
간이 굉장히 논리적이고 이성적인 것처럼 보여도, 많은 심리학 박사
들은 그렇지 않다고 이야기한다. 선택의 기로에서 감정적으로 선택
할 때가 더 많다는 것이다. 그런데 곰곰이 생각해보니 나 역시 '저 옷
이 나에게 잘 어울려서 사야겠어'라는 생각 이면에 좀 더 근본적인
심리적 원인이 있었다. 그 심리를 깨닫게 되니 굳이 필요한 소비는
아니라는 답이 나온 것이다. 멋진 외면을 추구하고 변화를 원하는 심
리적 원인은 생각보다 단순하지 않다는 것을 알았다.

전문화가 마학적인 명령에 대처하는 것은 겨우 이 정도까지다. 아무리 많은 컨
설턴트를 고용한다고 해도, 개인적인 외모는 조경이나 식당 디자인처럼 외주를
줄 수 있는 것이 아니다. 당신은 누구에게나 당신의 손톱에 색을 칠하거나 모발
을 염색하거나 눈썹을 새로 그리도록 돈을 지불할 수 있지만, 그것들은 여전히
당신의 손톱이며, 당신의 모발이며, 당신의 눈썹이다. 전문가들이 당신보다 더
빨리 그리고 더 잘할 수는 있겠지만, 그 시간 동안 당신도 거기에 있어야 한다.

－ **버지니아 포스트렐, 《스타일의 전략》 중에서**

결국 내면이든 외면이든 나의 정체성과 이상향과의 조화가 관건
이라는 생각을 해본다. 우선은 나를 규정할 수 있어야 한다. 내가 어

떤 사람인지 알고 나면 어떤 사람이 되고 싶은지도 보인다. 그렇다면 내가 원하는 이상향에 맞게 내면과 외면을 서서히 맞춰나가면 된다. 쇼핑을 하는 것처럼 순식간에 이루어지는 것도 아니고, 성형을 하는 것처럼 기존의 나를 부정해서도 안 된다. 나를 바로 규정할 수 있어야 타인의 시선으로부터 규정되는 것에서 자유로울 수 있다. 시간이 오래 걸리고 힘든 일이지만 한 번 잘 세워놓은 단단한 내면과 멋진 외면은 웬만한 태풍에도 끄떡하지 않는다. 그래서 단단하면서도 외적으로 아름다운 집은 사람들에게 높은 가치를 받는다. (나는 그래서 내면이든 외면이든 자기만의 스타일로 무장한 김어준 같은 사람이 좋다.)

이렇듯 내면은 나로서 온전하게 살아갈 수 있는 든든한 기둥 같은 것이며, 외면은 나를 더욱 나답고 멋지게 보여주는 도구다. 내면과 외면은 그래서 둘 다 중요하다. 이 두 가지를 모두 가진 꽃거지가 당당한 이유이자 사람들에게 사랑받는 이유다. 우리에게도 '꽃'은 있다. 다만 발견하지 못했거나 보려고 하지 않을 뿐이다. 이 책을 통해 대한민국의 많은 여성이 그 두 개의 꽃이 조화를 이루며 만개할 수 있도록 가꿔나갔으면 좋겠다. 그것이야말로 완전한 나를 발견하는 길이자, 우리가 추구해야할 진정한 미학이 아닐까 싶다.

차례

6장 • 그녀들, 달라지다

1장

스타일을 대하는

인문학적 시선

personal styling

스타일은
나다움이다

1년 반, 유난히 길었던 취업준비 기간은 나에게 너무나 혹독한 시간이었다. 그 시절 나를 위로해준 건 토익이라는 필수 스펙 한 줄에 도움이 될까 하여 시작한 외국의 TV 프로그램이었다. 오전 아홉 시부터 시작하는 미드부터 오후로 넘어가면 볼 수 있는 다양한 리얼리티 프로그램까지. 리스닝이라는 미명하에 당당하게 TV 시청을 즐길 수 있었던 내가 꼭 챙겨 보는 것이 있었는데 바로 메이크오버(makeover) 프로그램이었다.

자신의 스타일에 자신감이 없는 사람들부터 남 보기 민망한 넝마주이 패션까지, 패션에 관한 한 테러리스트 수준인 사람들이 주인공이었다. 때로는 보다 못한 가족이나 친구들이 대신 신청해주기도 했는데 일단 선정이 되면 패션 전문가가 머리부터 발끝까지 180도 변신을 시켜준다. 내가 가장 좋아했던 메이크오버 프로그램은 〈팀 건의 가이드 투 스타일(Tim Gunn's Guide to Style)〉이었다. 한 번은 무명 컨트리 가수 일라이자의 이야기를 다룬 에피소드가 있었다. 너무나 패셔너블했지만 그녀의 매력을 살려주지 못하는 '컨트리스러움'이 그녀의 노래까지 묻히게 하는 효과를 주었기에 남편이 SOS를 친 것이다.

팀 건과 그의 짝꿍인 리폼 전문가 그레타 모나한이 곧바로 그녀의 옷장으로 출동했다. 와일드하고 히피스러운 그녀의 옷장을 보고 팀 건은 쓸만한 옷이 하나도 없다며 옷장 해부(?)에 나섰다. 그녀의 개성을 살려주면서 매력을 돋보이게 하는 옷은 남겨두고, 품질은 좋지만 디자인이 별로이거나 의뢰인에게 어울리지 않는 아이템은 바로 리폼 전문가 그레타에게 넘어갔다. 그렇게 옷장 분석이 끝나면 일라이자와 함께 쇼핑을 하러 나가는데 우선 옵티렉스라는 프로그램을 통해서 전신을 스캔하여 이미지와 체형을 객관적으로 분석하는 과정을 거친다. (옵티렉스라는 프로그램은 온라인 쇼핑몰이나 오프라인 쇼핑센터 등에서 상용화하려는 시도가 있다. CSI 마이애미 편에도 한 번 나온 적이 있는데, 옷을 입어보지 않아도 내가 선택한 옷을 실제로 착용한 것과 같은 모습을 볼 수 있다.) 그런 후에 팀 건이 이미지와 체형에 어울릴만한 디자인과 실루엣의 옷을 설명하고 같이 쇼핑을 나서서 스스로 골라보게 하고 또 골라주기도 한다. 중간중간 메이크업과 헤어 그리고 제대로 된 속옷을 하고 있는지까지 점검한다(여성에게 속옷은 아주 중요하기 때문이다).

전체적인 스타일 변화를 마친 일라이자는 마지막으로 가족과 친구들에게 변화된 모습을 보여주는 의식을 하게 된다. 프로그램의 마지막을 장식한다는 의미에서 클라이맥스이기도 하지만 팀 건과 그레타가 의뢰인만을 위한 선물을 함으로써 외적인 변화뿐만 아니라 스타일을 통해 그 사람의 삶을 축복해준다는 점이 상당히 감동적이었다. 일라이자는 아버지가 주신 피크로 기타를 쳤는데 피크를 백금으로 본을 떠 목걸이를 만들어 선물한 것이다. 항상 아버지가 함께할 것이라는 이야기를 하면서 팀 건과 그레타는 "스타일에서도 목소리를 내세요"라고 그녀를 응원했다.

이후로 그녀의 삶은 어떻게 변화했을까? 컨트리 가수로서 전보다 더 나은 삶을 살게 되었을까? 잘 모르겠다. 프로그램 이후의 삶에 대해서는 방송되지 않으므로 그녀의 삶이 어떤 식으로 흘러갔는지 알 수는 없지만, "똑같은 나인데 전보다 훨씬 근사해요"라는 일라이자의 말에서는 자신감이 묻어난다. 분명 출연자들은 자신을 한 번 더 되돌아보고 스스로를 사랑하게 되었다. 그런 마음가짐은 분명 작게나마 삶에 긍정적인 영향을 줄 것이란 생각이 들었다.

누구나 자기만의 장점과 매력을 가지고 있다. 아직 그것을 겉으로 드러내는 방법을 모르거나 찾지 못했을 뿐이다. 스타일은 내가 가지고 있는 나만의 매력을 겉으로 드러내는 것이라고 생각한다. 그게 바로 나다움이며, 나다움을 발견했을 때 사람들은 스스로에 대해 자신감을 갖게 된다. 나다움이란 예쁘고 멋지게만 꾸며주는 것이 아니고 '나에게 맞게 표현되는 것'이다. 팀 건과 그레타가 아버지의 스토리가 담긴 피크 목걸이가 아니라 티파니 목걸이를 선물했다면 어땠을까? 어쩌면 일라이자에게 그렇게 어울리지도, 감동을 주지도 못했을 것이다.

외적인 변화를 넘어 내적인 변화까지 일으키는 스타일이라니, 어렸을 때 읽은 신데렐라에 나오는 요술 할머니의 마법 지팡이가 현실화한 것 같은 생각이 들었다. 우리나라에도 저런 프로그램이 있으면 참 좋겠다는 생각을 하면서 프로그램을 넘어 하나의 직업으로 존재한다면 재미와 보람을 느낄 수 있을 것 같았다. 하지만 당시에는 막연한 동경의 대상이었을 뿐 내가 할 수 있는 일이라고는 생각하지 않았다. 그저 취업이라는 숨 막히는 스펙 전쟁을 잠시 잊게 해주는 하나의 고마운 프로그램일 뿐이었다.

1년 반이라는 시간을 거쳐 취직을 하게 되었고, 막연히 생각했던 개인의 매력을 스타일로 드러내주는 직업에 대해 찾아보기 시작했다. 당시 직업으로 존재하던 분야는 백화점에서 VIP들을 대상으로 쇼핑을 도와주는 퍼스널 쇼퍼가 있었고, CEO나 국회의원 등 이미지가 중요한 사람들의 이미지를 만들어주는 이미지 컨설턴트가 있었다. 하지만 내가 찾는 일반 대중을 위한 직업은 검색을 통해 찾지 못했다. 그러다가 결국 주변의 권유로 1인 기업을 준비하게 되었다. 많은 책을 읽은 것은 아니지만 트렌드나 세상의 흐름을 알 수 있는 책을 접하면서 '대중'보다 '퍼스널'에 초점을 맞춘 서비스가 나오리라는 것을 알게 되었다. 언니와 여동생이 있는 나는 매번 쇼핑할 때마다 스타일에 대한 조언을 했었기에 우리나라에도 분명히 이런 니즈를 가진 소비자가 존재하리라는 생각이 들었다. 주변 사람들만 봐도 장점이나 매력을 스타일로 잘 드러내지 못하는 사람이 얼마나 많으며 본인의 이미지나 체형, 취향도 모르는 사람이 얼마나 많은가. 그러니 옷을 어떤 식으로 입어야 할지 갈피를 못 잡는 것이다.

처음에 이런 일을 하겠다는 이야기를 주변에 했을 때는 대개 회의적인 반응을 보였다. "과연 비전이 있을까?" 혹은 "돈이 될까?" 하면서 다들 말리고 나섰다. 하지만 나는 "대한민국에 '퍼스널 스타일리스트'가 저 하나라고 생각해보면 답은 간단해요"라고 답해주었다. 지금은 나 말고도 개인적으로 이 일을 하는 사람이 생겼으며 사이트도 점점 늘어나는 추세다. 물론 얼마나 '지속'될지는 두고 봐야 알 일이다.

나는 우리 사회의 일라이자를 돕는 것이 좋다. 한 사람의 개성보다는 스펙이나 배경 혹은 물질로 가치를 평가하는 사회에서 실제로 중요한 건 그런 것이 아니라 그 사람 자체라는 것을 스타일을 통해 알리고 싶은 마음도 있다. 그러기 위해서는 개개인이 스스로에 대해 잘 알아야 한다. 스타일은 결국 옷을 잘 입는 것이 아니라 내가 어떻게 드러나고 싶으냐에 대한 물음을 시각화한 것이기 때문이다.

옷을 잘 입고 싶다고 스타일링 방법만 공부한다면 그냥 옷 잘 입는 사람 중의 한 명이 될 뿐이다. 물론 본인이 원하는 것이 그거라면 말릴 생각은 없다. 하지만 스타일이 빛날 때는 나를 담고 있을 때이며, 그것은 스타일링 방법만 익혀서는 나올 수가 없다. 온라인 혹은 오프라인상에 다양한 스타일링 방법과 옷 잘 입는 법이 난무해도 여전히 우리 사회에 자기 스타일을 내지 못하는 사람이 많은 것은 그러한 이유 때문이다. 스타일링 방법만 배울 뿐 자기 자신에 대해서는 공부하지 않으니까 그렇다. 그래서 나는 옷을 잘 입으려면 어떻게 하느냐는 질문을 받으면, 어떻게 입고 싶으냐고 되묻는다. 어떻게 입고 싶은지에 대한 물음이 나다운 스타일을 찾아가는 시작이 될 것이다. 그러는 와중에 장단점을 알고 나만의 매력을 알게 됨은 물론이다. 저절로 아

퍼스널 스타일링

내가 가진 내적 요소
(능력/성격)
+
외적 요소
(이미지/체형)

표현 감각

내가 원하는 모습
(개성/취향, TPO
또는 아이덴티티)

스타일이란
내가 가진 요소들이 조화를 이루어
삶에서 내가 원하는 모습으로 드러나는 것이다.

notes 2 | 퍼스널 스타일의 완성

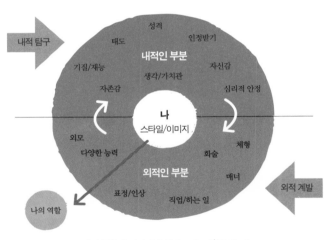

내적 탐구

성격
태도   인정받기
기질/재능   내적인 부분   자신감
자존감   생각/가치관   심리적 안정

나
스타일/이미지

외모   체형
다양한 능력   화술
외적인 부분   매너   외적 계발
나의 역할   표정/인상   직업/하는 일

내적인 부분과 외적인 부분은 서로 영향을 주며,
'나'는 둘의 조화와 균형으로 완성된다.

는 것은 아니고 알고자 노력해야 한다. 옷 하나 입는데 뭐 이렇게 어렵게 돌아가야 하느냐고 물어볼 수도 있겠다. 그럼 이렇게 대답하겠다. 패셔니스타들이 옷을 자기답게 잘 입는 건 그만큼 자신을 잘 알고 있기 때문이라고.

　누누이 말하지만 옷을 잘 입는 게 중요한 것은 아닌 것 같다. 의뢰인을 만나도 옷을 매일 잘 입을 필요는 없다고 말한다. 다만 내가 가진 장점과 매력을 알고 내가 어떻게 드러나고 싶은지에 대한 탐색을 통해 내가 원할 때 원하는 모습으로 표현은 할 수 있어야 한다고 말한다. 그게 바로 스타일이 존재하는 이유이며 사람을 빛나게 하는 스타일의 존재가치다.

비교 경쟁에서
승리하는 법

연예인들의 옷은 협찬이 많다. 그래서 하나의 옷을 다른 두 연예인이 입고 나오는 경우도 종종 있다. 네티즌들은 이러한 두 연예인을 비교해가며 누가누가 더 예쁘나를 따지곤 한다. 그럴 때마다 보면, 옷은 확실히 얼굴이 아닌 몸에 걸치는 것인 만큼 생물학적으로 비율이 멋지고 글래머러스한 몸매의 연예인이 위너가 될 수밖에 없다. 연예인들이야 대중의 사랑을 받고 스포트라이트를 받기 위해 입는 거라 비교 대상이 되어도 어쩔 수 없으리라. 그런데 이러한 비교체험은 우리 일상에서도 늘 일어난다. 뭐든 절대적인 것보다 상대적인 것이 문제가 되듯 끊임없이 남과 비교하는 우리의 정신세계는 스타일에서도 자유롭지 못하다.

요즘엔 워킹화가 대세다. 그래서 운동화에도 단지 운동할 때 신는 신발로서가 아니라 패션 아이템으로서의 기능이 추가되었다. 백화점 스포츠 브랜드에 가면 어떻게든 구매자의 시선을 사로잡으려는 형형색색의 운동화들이 진열되어 있다. 여자들 운동화는 물론이거니와 남자들 것까지도 형광색으로 눈길을 사로잡는다. 아무리 검은색 운동화라 해도 에어는 꽃핑크인 것이다. 운동복에도 어울리면서 일상복에 매치했을 때 패션으로서의 미를 다하기 위해 컬러 감각을 가미한 것인데, 그리하여 우리는 운동화까지도 편하게 고르지 못하는 시대를 살게 되었다. 어떻게 하면 내 다리를 좀 더 예쁘게 보일 수 있는 운동화, 편하면서도 스타일리시해 보일 수 있는 디자인의 운동화를 고를지를 데이트에 입고 나갈 원피스만큼 고민한다. 그만큼 대중화되었다는 말이다. 그래서 브랜드에서 가장 잘나가는 운동화일수록 길에서 마주칠 일도 많이 생긴다. 바로 이 순간 내가 그녀보다 더 낫길 바라는 것은 많은 여자의 바람이기에 운동화 하나를 고르더라도 그렇게 신중할 수밖에 없는 것이다.

하지만 비교 경쟁에서 매번 승리할 수는 없는 법. 때로는 실망감을 부여안고 어떻게 하면 업그레이드할 수 있을까를 고민하지만 문제는 이것이 극히 주관적이라는 데 있다. 유난히 눈에 띄는 내 것과 똑같은 운동화, 그런데 왜 내가 신은 것보다 네가 신은 게 더 예뻐 보일까? 이유는 두 가지다. 내 신체상(body image)에 대해 객관화하지 못했거나 나와 똑같은 운동화를 신은 타인의 스타일이 월등히 좋거나. 물론 후자일 때도 있을 것이다. 분명히 몸매가 좋거나 스타일 감각이 좋아서 착용한 아이템이 더 빛나는 사람도 존재하니까 말이다. 그런데 문제는 후자 역시 전자의 영향력 아래 있으므로 전적으로 객관적일 수 없다는 데 있다.

신체상은 우리가 주관적으로 그리고 있는 우리 몸에 대한 그림과 생각, 느낌을 말한다. 우리나라에는 유독 날씬한 사람들이 많은데, 그에 비해 객관적이지 못한 신체상을 가지고 있는 여성이 많다. 자신의 외면에 만족하는 남자들이 70퍼센트 이상인 것에 반해 자신의 외면에 만족하는 여자들의 비율은 30퍼센트 미만인 것을 보면 더 명확하다. 여자들은 괜히 자신의 이미지나 몸매를 실제보다 더 부정적으로 보는 경향이 있다. 나의 신체상에 대한 부정적인 생각이 내 것보다 그녀의 운동화를 더 좋아 보이게 하는 것이다. 대중 매체를 통해 뼛속까지 각인된 완벽한 몸매에 대한 열망이 곧 완벽하지 못한 몸매를 가진 내 신체를 왜곡된 시각으로 보게 한다. 종아리가 조금만 굵어도, 뱃살이 조금만 나와도, 엉덩이가 조금만 처져도 매장에서 봤을 땐 예뻤던 김연아의 운동화가 내가 신으면 저절로 평범해진다.

우리는 자신을 좀 더 객관적으로 봐야 한다. 단점을 부정하란 소리가 아니다. 키가 작다면 키가 작은 것을 인정하고 내가 가진 다른 장점을 부각시키려는 노력이 필요하다. 운동화를 신어서 남들과 같은 학다리의 기럭지를 보여주지 못할 거라면 조금은 앙증맞고 귀여운 컨셉으로 승부를 보는 거다. 이것은 키가 크고 다리가 긴 사람이 아담한 체구의 여성과 귀여움으로 승부했을 때 약점을 가지고 있는 이치와 같다. 누구나 자신이 가진 장점으로 대결을 펼쳐야 공정하지, 서로 가지고 있는 무기가 다른데 한쪽이 유리한 무기로 비교하는 건

애당초 공정한 싸움이 아닌 거다.

　섹시한 여성을 보며 섹시해지고 싶어하는 그녀의 욕망을 이해 못
하는 것은 아니다. 자기한테 없는 것이 가장 욕심이 나는 법이니까.
하지만 결핍된 것을 채우려고 급급해하지 말고 나에게 있는 강점으
로 승부하는 것이 끝도 없는 스타일 싸움에서 위너가 되는 길이라고
말하고 싶다. 구혜선이 섹시한 이미지로 어필하지 못하는 것도 김혜
수가 귀여운 이미지로 어필하지 못하는 것도 다 자기가 가진 본래의
무기가 달라서가 아니겠는가. 대한민국의 대표 배우들도 이러하니
우리 같은 일반인이 자신이 가진 무기를 살려 어필하는 것은 결코 부
끄러운 것이 아니다. 남의 떡은 이제 그만 쳐다보고 내 떡이나 맛있
게 먹자.

긍정적인 열등감의
존재 이유

열등감이란 남들과의 비교에서 내가 더 별로라고 생각되는 위축된 마음가짐을 말한다. 사람은 누구나 콤플렉스로 인한 열등감을 가지고 있는데 이러한 열등감은 스스로를 옥죄는 원인이 될 뿐 아니라 타인의 결점을 아는 능력이 되기도 한다. 마치 먹이를 낚아채는 매의 눈처럼 예리하다.

종아리에 자신 없는 한 여자가 있었다. 타인보다 더 굵고 알이 꽉 찬 종아리가 보기 싫어 반바지도 잘 입지 않고 치마는 남의 나라 이야기였다. 그런데 내 콤플렉스로만 끝나면 될 것을 길거리를 다니다 허벅지가 좀 두껍거나 알이 건실한 종아리를 가진 여성들을 볼 때면 어떻게 저러고 거리를 돌아다니느냐고 뭐라 하기 일쑤였다. 자신은 부끄러워 감히 드러내지 못하는 콤플렉스가 타인에게 투사된 것이다.

내 마음이 편안하고 남과 잘 지내기 위해서는 우월감과 열등감의 균형을 잘 조정해야합니다. 우월감에 너무 빠지면 다른 사람을 객관적으로 보는 균형감을 잃게 됩니다. 열등감때문에 남에게만 초점을 맞추면 어느새 자신의 존재가 작아지고 삶의 궤도가 흔들립니다. 열등감이 심하면 자신을 평가절하하고 남의 칭찬이나 비판에 지나치게 예민하게 반응하는데 '보상작용'으로 오히려 남을 깔보는 태도를 취하기도 합니다. 남을 깔보는 것은 내 열등감이 상대방에게 투사되어 옮겨진 것입니다.

- 정도언, 《프로이트의 의자》 중에서

　그래서 내적인 열등감이건 외적인 열등감이건 열등감을 가진 사람들은 끊임없이 남을 비난하고 깎아내린다. TV를 보다가 못생긴 사람이 나오면 어떻게 저러고 TV에 나오느냐고 한마디씩 하는 것도 그렇고, 인터넷상에 난무하는 외모에 대한 온갖 비아냥 역시 본인의 열등감이 타인에 대한 공격으로 드러난 것이다. 내가 다른 사람에게 그러는 것처럼 나 역시 다른 사람에 의해 평가절하되고 공격받을까 봐 아무리 더워도 반바지는 입지 않으며, 미니스커트 한번 입어보고 싶어도 타인의 시선(사실은 자기의 시선)이 무서워 용기를 내지 못한다. 난 이것을 부정적 열등감이라 부르고 싶다. 나를 옭아매어 스스로를 더 위축시키고 낮게 만들 뿐 아니라 타인보다 자신이 더 낫다는 것을 증명하고 싶어 끊임없이 타인의 콤플렉스를 끄집어내고 비난하는 행위는 외적인 것을 넘어 내적인 것까지 못나게 만드는 부정적 열등감이다. 외모에 대한 지적을 일삼는 사람들은 남에게 말하지 못하는 콤플렉스를 가득 안고 있는 경우가 많다.

긍정적 열등감은 나에게 좋은 영향이 되는 열등감이다. 스타일 코칭을 받은 의뢰인 중 종아리에 콤플렉스가 있는 여자분이 있었다. 스타일 코칭을 처음 받았을 때는 20대였고 두 번째 의뢰했을 때는 30대가 막 되었을 때였다. 20대 때 그녀는 자기 종아리가 굵다고 생각해 긴 바지만 입고 다녔다. 그걸 보면서 나는 실제로 귀여우면서 섹시한 이미지의 그녀가 치마를 입지 못하는 것에 대해 상당히 아쉬움을 가지고 있었다. (난 여성 본연의 미를 가끔은 드러낼 수 있어야 한다고 생각하기에 무조건 중성적이고 털털한 차림만을 고수하는 여성에 대한 막연한 안타까움이 있다.) 그런데 30대에 들어서자 그녀가 달라졌다. 불편하고 더운 것을 못 참겠어서 반바지를 입기 시작했는데, 사람들이 자신에게 특별히 관심이 없다는 것을 깨달았단다. 이후로는 반바지와 힐을 자유자재로 매치해서 입게 되었고 자신에게 어울리는 스커트와 원피스도 찾고 싶어 재의뢰를 했다고 했다. 그녀에게 어울리는 스커트와 원피스를 추천해줌으로써 그녀의 종아리 콤플렉스일랑 안드로메다로 보내버린 쇼핑이 되었음은 두말할 것도 없다.

옷을 입었을 때 전체적인 분위기가 달라진다면 더 나은 내 모습을 발견할 수 있고 콤플렉스의 영향력에서 점점 벗어날 수 있다. 이렇게 스스로에게 콤플렉스가 아무렇지 않게 다가오는 시기가 있으면 좋겠지만, 그게 안 된다면 이겨내려는 시도를 하는 것도 유익하다. 다이어트를 하기도 하고, 깔창을 깔기도 하며, 피부를 위해 나쁜 음식은 안 먹기도 한다. 더 나은 내가 되기 위해 열등감이 하나의 기폭제가 되는 것이다. 타인을 끊임없이 비난하면서 열등감을 가리려는 것이 아니라 더 나은 내가 되기 위해 나아지려고 노력하는 열등감은 우리에게 꼭 필요하다. 물로 열등감보다는 있는 그대로의 나를 존중하는 것이 가장 환영받을 일일 것이다. 그렇지만 인간이 신이 아니어서 완벽하지 못한 것처럼 열등감을 완전히 벗어던지지 못할 바에야 다른 사람의 콤플렉스를 지적할 시간에 내 콤플렉스에서 어떻게 건강하게 벗어날 수 있을지를 고민하는 것이 낫다. 그게 바로 건강한 나를 위해 필요한 열등감의 존재 이유다.

personal styling

쌩얼로 다닐지라도
화장법은 알아두라

고급 백화점에서 편안한 옷차림으로 당당할 수 있는 사람은 딱 두 부류다. 정신적으로 물질에 초연하거나, 경제적으로 물질에 초연하거나. 외적으로 어떤 분위기를 풍기든 간에 경제적으로 자유로운 사람들은 당당하다. 왜냐하면 내가 가진 경제적 풍요로움이 이 백화점 내의 어떤 것도 구매할 수 있다는 정신적 여유로움을 주기 때문이다. 결국 경제적인 자유도 정신적인 자유로 귀결될 수밖에 없다. 이러한 정신적 여유로움을 가진 자가 우리 사회의 승자다.

마찬가지로 쌩얼로 당당할 수 있는 여자도 두 부류다. 내 얼굴에 진짜 자신이 있거나 아님 화장할 줄 모르거나. 첫 번째 이유라면 박수받아 마땅하다. 미모에 상관없이 자신의 얼굴에 자신이 있다는 것은 정신적으로 물질에 초연한 것만큼 고난도의 경지이기 때문이다.

하지만 두 번째 이유라면? 화장법 몰라도 살아가는 데 지장은 없겠지만 〈빠삐용〉에서 주인공이 '시간을 낭비한 죄'를 선사 받은 것처럼 나를 가꿀 줄 모르는 여자는 '나의 아름다움을 묵인한 죄'를 선사 받을 것이다. 스스로에게 당당한 사람은 타인에게 사랑받는다. 스스로에게 자신이 없는 사람은 타인에게 사랑받아도 그 사랑을 어떻게 받아야 할지 모르며 심지어는 사랑받고 있는 줄도 모른다. 그렇기에 나의 아름다움을 묵인한 죄는 나를 사랑하지 않은 죄와 동급이며 최소한 꾸미고 다니지는 않더라도 꾸밀 줄은 알아야 한다.

늘 예쁘게 하고 다니면 좋지만 나조차도 그런 인내력과 부지런함은 갖고 태어나지 못했다. 사람이 자신감이 없는 이유는 내가 어떤 사람인지 모르며 어떤 상황에서 어떻게 보이고 싶은지 알지 못하고, 설령 안다 해도 내가 원하는 이미지로 나를 드러내지 못하기 때문이다. 나를 제대로 알지 못함에서 시작되는 총체적 난국이다. 그래서 나를 드러내기 위해서는 나를 알아야 한다. 화장하지 않아도 나에게 어울리는 화장법 하나 정도는 알고 있어야 하며 스타일리시하게 입고 다니지 않아도 나에게 어울리는 스타일 한두 개쯤은 알고 있어야 한다. 그래야 삶에서 내가 원하는 모습이 있을 때 적절히 드러날 수 있다.

회사 행사에 참석하거나 지인들과의 모임에 초대받았을 때 분위기를 조금 바꿔보는 것은 나에게 주는 신선한 이벤트가 될 수 있다. 평소 일에 치여 빈틈없는 커리어우먼의 모습만 보이다 나만의 개성을 드러내는 우아하고 생기 있는 모습을 보여줄 수 있다면 여자들은 이 기억 하나만으로 3개월은 버틸 수 있을 것이다. 하지만 평소 화장하고 다니지 않아서, 스타일에 신경 쓰지 않아서 나에게 어울리는 화장을 하지 못하고 어울리는 드레스 하나 고르지 못한다면 아무리 즐거운 이벤트가 생겨나도 챙겨 먹지 못하는 꼴이 되고 만다. 아까운 기회를 날리지 않기 위해 최소한의 노력은 필요하다. 너무 복잡한 화장의 기술까지는 알려고 하지 않아도 된다. 요즘에는 백화점 화장품 브랜드에서 웬만한 메이크업 시연을 다 해준다. 일단 필요한 화장품이 뭔지 조사해 나의 이미지와 맞을 것 같은 브랜드에 가서 제품이 필요한데 메이크업 시연을 좀 받아보고 싶다고 하면 된다.

물론 이때에도 적절한 균형 감각은 필요하다. 메이크업 전문가가 해주는 대로만 받고 있다면 이것저것 모든 제품을 사고 있는 자신을 발견할 것이다. 자기 얼굴에서 가장 자신 있는 부분만 강조해서 드러낼 수 있는 메이크업 요령에 대해 물어보고 평소 커버할 수 있는 메이크업 제품만 구매하도록 한다. (그 자리에선 열 개의 색조 화장품을 다 쓸 것 같아도 막상 집에 오면 많이 써봤자 세 개다.) 거울을 보며 전문가의 손길을 느껴보고, 그 제품을 쓰게 될 나의 미래 이미지에 기쁨도 느껴보면서 어떻게 해야 집에서도 구현할 수 있을지 꼼꼼히 배워놓자. 나에게 어울리는 화장법 하나 알아두면 유행 컬러나 메이크업 트렌드에 좌우되지 않으면서 몇 년 정도는 버틸 수 있다.

스타일도 마찬가지지만 화장 역시 유행보다는 나에게 맞는 것을 찾아내 잘하는 게 좋다. 완벽하게 업그레이드된 나의 얼굴에 감동하여 몇십만 원어치를 사재기하려는 정신줄을 부여잡고, 매장 언니가 펼쳐놓은 제품들을 꼼꼼히 고르다 보면 나에게 어울리는 화장이 뭔지 알고 화장을 할 수 있다는 자신감으로 달라진 나의 모습을 발견할 것이다. 그때부턴 정말 쌩얼로 다녀도 된다. 진심이다.

personal styling

외모보다는
균형에 초점을

사람들은 자기가 속해 있는 곳에 시야가 맞춰져 있다. 이것은 나 또한 마찬가지다. 그래서 어렵다. 한 번이라도 면접을 본 적이 있는 사람이라면, 외모든 능력이든 내가 떨어진 이유가 무엇인지 남과 비교해 하나라도 부족한 것에 포커스를 맞추기 마련이다. 그래서 능력이 없는 나, 외모가 뛰어나지 않은 나는 면접시장에서 끊임없이 좌절하며 열등감에서 벗어나기 위해 몸부림친다. '취업의 당락은 3초간의 첫인상에서 결정된다'라는 말처럼 외모는 우리 삶에 강력한 영향력을 행사한다. 하지만 난 오늘, 여기서 이 외모란 말에 반기를 들고자 한다. 며칠 전 취업 성형을 다루는 뉴스에서 전문가가 '외모도 중요하지만 내적인 능력을 같이 키우는 것이 중요하다'라는 말을 했다. 맞는 말이다. 그런데 외모의 정의에 대해서도 얘기했다면 더 좋았을 거란 생각을 해보았다.

　보통 외모가 중요하다는 말을 하는데 난 그 단어보다는 전체적인 '분위기, 아우라'로 정의하고 싶다. 이건 내적인 능력뿐 아니라 나의 외모가 뛰어나지 않더라도 마음에 든다는 단단한 자존감에서 오는 당당함이다. 그리고 취업시장에서 우월하게 자리 잡는 조건 또한 사실은 '외모'가 아니라 이러한 '아우라'라고 말하고 싶다. 나도 예전에 1년 넘게 백수 생활을 하던 시절에 온갖 열등감은 다 가진 루저라는 생각에서 벗어나지 못했었다. 아무리 자존감이 강한 사람이라도 다른 사람들은 취업을 잘도 하는데 취업실패라는 딱지를 계속 달게 되면 내가 뭔가 부족한 게 있다는 생각을 안 할 수가 없다. 그럴 때 "It's not your fault."라고 말해줄 수 있는 사람이 있어야 한다. 그런데 우리 사회는 그것을 모두 개인의 문제로 몰아대기에 점점 위축되고 자신감이 사라져 결국 타조 알만 했던 자존감이 달걀 크기로 쪼그라드는 것이다. 이건 결코 개인만의 문제는 아니다.

　분위기나 아우라가 '외모'라는 단어로 표현되기에는 몇 가지 논리적 뒷받침이 있는데 일반적으로 예쁘거나 잘생긴 사람들은 평균적으로 스스로에 대해 자신감이 있다. 그렇기에 같은 능력이라면 외적인 자신감으로 아우라가 빛나는 사람을 뽑게 되는 것이다. 단지 예쁘기 때문만이 아니다. 하지만 여기서 난 이렇게 생각해본다. 얼굴이 예쁜 지원자와 개성 있는 얼굴의 지원자가 있는데 이상하게 예쁜 얼굴의 지원자는 자신감이 없어 보이고, 개성 있는 얼굴의 지원자는 자신감이 넘친다. 당신이 인사 담당자라면 누구를 뽑겠는가? 당연히 후자다. 그렇기에 취업시장에서 외모가 절대적인 승률을 보장한다고는

할 수 없다. 다만 비교의식에서 겉으로 드러나는 가장 강력한 정보가 외모이기에 특별히 이 부분에 민감해지는 것이다. 그런데 여기서 난 또 묻고 싶다. 얼굴을 고치는 것 이외에 자신감을 키우는 방법은 없느냐고. 물론 자신감 결여의 원인이 외모에 있다면 아예 리모델링하는 것이 편하겠지만 그것이 자신감 있는 분위기와 아우라, 당당한 태도를 가질 수 있는 근본적인 원인은 아니라고 생각한다.

잘생긴 사람이 자신감이 넘치는 건 태어날 때부터 '나 잘났다'라고 알고 태어나서가 아니라 점점 성장하면서 외부에서 주입된 정보의 효과 덕이 상당하다. 외모가 별로인 사람이라도 주변에 그 사람의 외모에 대해 칭찬하고, 점점 더 괜찮아지고 있다는 이야기를 꾸준히 해주는 사람들이 있다면 어느 순간 그 사람도 외모에 자신감을 갖게 된다. 마찬가지로 평균 이상의 외모라 하더라도 주위 사람들에 의해 못생겼고, 코가 낮고, 피부에 탄력이 없다는 지적질을 받게 되면 자기 외모에 부정적 인식이 쌓이게 된다. 부정적 인식을 뿌리치기 위해서는, 아니 제대로 걸러 듣기 위해서는 자기에 대한 정확한 판단과 주체의식이 자리 잡혀야 한다. 하지만 우리는 중·고등학교는 물론 대학생이 되어서 아니, 직장인이 되어서도 남들의 판단에 이리저리 흔들리는 약한 뿌리의 자의식밖에는 가지고 있지 못하다. 몸만 클 뿐 자의식은 중·고등학생 수준에 머물러 있다.

안타깝게도 우리는 이런 자의식을 스스로 기르기에는 너무나 좋지 않은 환경에 처해 있다. 건강한 정신을 가지고 있는 어른들(물론 부모가 그런 역할을 해준다면 더할 나위 없지만)을 만날 기회도 너무나 부족하고, 어른이라 하더라도 앞서 말했듯이 이러한 열등감이나 똑바른 기준을 잡아주기에는 부족할 수 있기 때문이다. 얼굴이 예쁜 사람을 보면 순간 '반응'하기는 한다. 본능적으로 우리는 우리에게 주입된 사고방식(몸매는 볼륨이 있어야, 남자는 근육이 있어야, 전체적인 비례가 어느 정도가 되어야, 눈·코·입은 이렇게 생겨야)에 따라 외모를 보고 판단한다. 그런데 그 판단이 너무나도 천편일률적이다. 예쁘다, 보통이다, 못생겼다 식으로 무슨 4지선다형도 아니고 외모에 대한 판단을 단순화해버리는 것이다. 5,000만 대한민국 국민의 얼굴이 똑같이 생긴 것도 아닌데 그 판단 의식은 다섯 손가락도 채우지 못하는 것이다. 그리고 모두 첫 손가락에 들기 위해 끊임없이 노력한다. 예쁘게 또는 더 예쁘게.

예쁜 사람을 보고 '예쁘다'고 판단하는 것은 괜찮다. 그런 다음 그 사람이 예쁜 것 말고 어떤 사람인지 볼 줄 알아야 한다. 개성 있는 사람을 보면 '개성 있다'고 판단하면 된다. 그런데 외모에 묻혀 그 사람의 다른 부분을 보지 못하고 보려 하지도 않는다면 아메바처럼 단편적인 반응만 하는 자신을 부끄럽게 생각해야 하지 않을까. 그래서 취업시장을 진두지휘하는 전문가들이 외적인 부분과 내적인 부분의 균형을 제대로 알고 이러한 부분을 취업 준비생이나 구직자들에게 제대로 전달하는 것이 중요하다는 생각을 해본다. 당연히 책임감도 느껴야 한다. 어떤 강사분은 아예 대놓고 얼굴 어디 부분을 고쳐야 한다고 이야기한다던데 그런 사람이 어떻게 공공연하게 강연을 하고 다니는지 이해할 수가 없다.

결국 균형의 문제다. 내적인 능력을 쌓으면 능력에 대한 자신감이 충만해진다. 그런데 외적인 자신감이 부족하면 내적인 능력을 충분히 표현하는 데 문제가 있다. 겉으로 드러나지 않으면 내적인 능력에 대한 신뢰도 역시 깎이는 것이다. 그래서 내적인 부분과 외적인 부분을 같이 쌓아나가야 한다. 그렇게 같이 상승해야 한다. 능력도 없이 외모만 가꿔서도 안 되고, 외모는 불필요하다며 내적인 부분에만 신경 써서도 안 된다. 결국 내적인 부분도 자존감과 자신감에 영향을 주며 외적인 부분 역시 자존감과 자신감에 영향을 준다. 그렇게 건강한 능력과 아우라가 취업 성공으로 이어진다.

누누이 말하지만 그녀나 그가 뽑힌 건 외모가 아니라 그녀나 그를 빛나게 해주는 자존감과 자신감의 총체적인 아우라 때문이다. 그러므로 우린 성형을 해야 하는 것이 아니라 아우라를 갖추고자 노력해야 한다. 개인의 아우라는 내가 원하는 나의 모습에 가까워질 때 수직 상승한다. 당신의 비주얼이 마음에 들지 않는다면 당신의 비주얼을 칭찬하고 아름답게 봐줄 사람들과 어울려라. 세상의 잣대로 판단하기 어려운 아우라를 지녔을 때 사람들은 매력을 느낀다. 그것이 곧 개인의 색깔이자 힘이다.

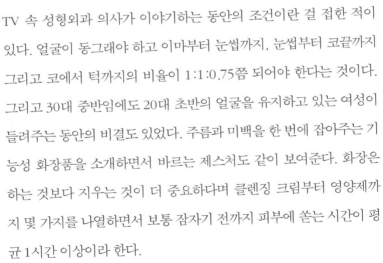

personal styling

동안보다 중요한 것은
멋지게 나이 들기

TV 속 성형외과 의사가 이야기하는 동안의 조건이란 걸 접한 적이 있다. 얼굴이 동그래야 하고 이마부터 눈썹까지, 눈썹부터 코끝까지 그리고 코에서 턱까지의 비율이 1:1:0.75쯤 되어야 한다는 것이다. 그리고 30대 중반임에도 20대 초반의 얼굴을 유지하고 있는 여성이 들려주는 동안의 비결도 있었다. 주름과 미백을 한 번에 잡아주는 기능성 화장품을 소개하면서 바르는 제스처도 같이 보여준다. 화장은 하는 것보다 지우는 것이 더 중요하다며 클렌징 크림부터 영양제까지 몇 가지를 나열하면서 보통 잠자기 전까지 피부에 쏟는 시간이 평균 1시간 이상이라 한다.

나에게는 먼 나라 이야기다. 관리를 잘 못하기도 하거니와 화장품은 써봤자 스킨, 로션, 수분젤 정도? 지금 관리해야 40대 주름을 방지할 수 있다는 아이크림도 잘 안 쓴다. CF에서는 심지어 20대부터 관리해야 팽팽한 30대를 유지할 수 있다고 광고하는데, 손을 놓아도 너무 놓고 있는 셈이다. 이러다가 남들 40대에 30대 중반의 동안을 자랑할 때 난 40대에 40대 후반의 노안으로 치달으면 어떻게 하지? 하지만 어쩌나. 그런 걱정은 한 번도 해본 적이 없다. 이렇게나 손을 놓고 있는 데에는 어딜 가나 동안으로 보인다는 안도감도 한몫하는데 그렇다고 뭐 30대인 내가 20대 초반으로 보인다거나 하는 폭풍 동안은 아니고 그냥 두세 살 정도 어려 보인다는 거다. (물론 그들이 예의상 하는 말일 수도 있지만 글의 흐름상 진심이라 가정해보자.)

예쁜 사람이 어렸을 때부터 예쁘다는 이야기를 꾸준히 들으면서 자랄 경우, 예쁘다는 이야기를 듣기 위해 계속 미모를 가꾼다. 동안이라는 말도 그와 마찬가지인 것 같다. 나는 내 일을 시작하던 20대 후반, 즉 스물여덟 살 때부터 꾸준히 들었으니 뭐 일반론으로 내 머릿속에 각인된 것도 이상하지 않은 일이다. 내가 왜 동안에 대해 생각하고 글을 쓰게 되었냐면, 관리는 잘 안 하면서 동안이라는 소리를 듣는 것에 대해 그 순간 기분은 좋으나 이 '동안'이라는 단어가 얼마나 나를 속박할 수 있는지에 대해 깨달았기 때문이다. 어느 순간 나이를 이야기했을 때 '동안'이라는 이야기가 나오지 않는 것에 대해 의문을 표하며 나를 옭아매고 있는 동안의 굴레를 인식했기 때문이다.

우리나라 사람들은 어디를 가도 자기소개를 할 때 나이를 빼먹지 않는다. 오히려 나이를 이야기하지 않으면 필수코스라도 빼먹은 듯 궁금해하는 눈초리로 '말해달라' 하는 텔레파시를 보내오는 느낌이다. 그렇지만 나는 직장을 안 다니게 된 그때부터 자기소개할 때 나이를 이야기하지 않는다. 예의를 중요시하는 나라이니만큼 나이에 의한 예의를 갖출 필요는 있지만, 나이를 이야기할 경우 거기 얽매여 생각하지 않아도 되는 편견을 가질 수도 있기 때문이다. 그리고 나이가 중요하고 위력을 갖는 자리는 따로 있다고 생각하기에 굳이 나에 대해 불필요한 정보를 얘기할 이유는 없다고 보기 때문이다.

그런데 점점 나이가 들어감에 따라 동안이라는 이야기를 들을수록 '어느 순간 동안이라는 이야기를 듣지 않게 되는 순간이 오지 않을까?' 하는 생각이 들었다. 나도 언제까지 이 얼굴일 수는 없지 않은가? 뱀파이어가 아닌 이상 나이를 먹으면서 노화가 오는 건 당연한 일이니까. 동안인 반면 정수리에 피어나는 흰 머리가 그 증거로, 그것들을 한 올씩 발견할 때면 담담하게 준비를 해야겠구나 하는 생각도 든다. 그래서 언젠가는 눈가에 주름이 하나둘 생길 것이고 팔자 주름에도 익숙해질 터인데, 그때 미모나 동안에 대한 미련보다는 잘 늙을 준비를 해야겠다는 생각을 했다.

여성 잡지, 아침 TV 프로 등에서는 동안과 젊음을 유지하는 비법에 대해서 하루가 멀다고 전문가를 초빙하여 알려주기 바쁘다. 전문가들은 다 똑같은 이야기만 하는데도 시청자로서는 매번 새롭다. 내가 그렇게 하지 못하기에 들어도 들어도 새로운 것이다. 늙음을 준비한다고 이야기는 하지만, 관리도 잘 하지 않으니 주름살 하나 더 생기는 것에 대해 잘 대처할 수 있을지 두렵기는 하다. 주름살 하나 더 생긴다고 내가 어떻게 되는 건 아니지만 주름살 하나로 동안에서 노안으로 시선이 확 바뀌어버리는 현대의 사회 풍토가 나를 두렵게 한다.

그럼에도 한 가닥 희망으로 관리를 안 하게 되는 동안의 비결이 하나 있다면, 바로 늘 즐겁게 사는 것이다. 너무 단순한가? 스트레스받지 않는 삶, 내가 하는 일을 즐기고 좋아하는 사람들을 만나고 나를 즐겁게 하는 행위를 많이 하는 삶. 그렇게 살면 굳이 아이크림을 매일 밤 새끼손가락에 묻혀 발라주지 않아도 동안을 유지할 수 있다고 본다. 그리고 실제로 내 주변의 자기다운 삶을 살아가는 사람들을 보면 많이 웃고 어려운 상황에서도 즐겁게 잘 대처하는 법을 익혀서 그런지 동안이 많다. 그리고 나도 그 동안(어떤 사회 안에서의 기준이 아닌) 멤버 중 한 사람인 것이 좋다.

지금도 많은 여성이, 심지어 남성들까지 그루밍이라는 단어로 동안의 대열에 합류해 어떻게 하면 좀 더 젊어 보일 것인지를 연구하며 자신을 가꾸고 있다. 이것도 자기계발의 하나로 각광받고 있다. 무릎 나온 추리닝 바람에 내리쬐는 햇볕도 무방비 상태로 받아들이는 민낯 등으로 자신을 방치하는 것도 좋은 자세는 아니지만 무조건적으로 젊음과 미모를 우대하는 사회 풍조도 멀리하여야 한다. 그 사회 풍조에 얽매여 젊음과 동안이라는 굴레에서 한없이 맴도는 사람이 되기보다는 자기만의 잘 늙는 법을 개발해야겠다고, 그리하여 40대에도 50대에도 동안이라는 소리보다는 '매력적인 분위기'로 승부할 수 있는 사람이 되어야겠다고 생각해본다.

나를 사랑하는 게

먼저다

여기저기서 메이크오버 프로그램이 총출동이다. 아침 시간대에는 주부들을 상대로 하여 동안 컨셉으로 메이크오버 프로그램을 방송하고, 저녁 시간대에는 20~30대를 공략한 콤플렉스 탈출기를 방송한다. 예전부터 꾸준히 있었지만 케이블 방송이 생기면서 너도나도 메이크오버 프로그램 하나 없으면 마치 시대 낙오 방송이 되는 것처럼 프로그램을 만들기에 여념이 없다. 그것도 어떻게 하면 더 '신선'하고 '색다르게' 할지 경쟁이 치열하다. 이런 메이크오버 프로그램은 정말 재미있다. 약간 바보스럽게 넋 놓고 보게 만드는 힘이 있다. 왜냐하면 출연자들이 전문가의 손길에 의해 점점 달라지는 모습이 마법 같기 때문이다. 그리고 그 심리적 기저에는 나도 저렇게 될 수 있다는 희망이 있기 때문이다. 메이크오버 프로그램은 그렇게 시청자를 유혹하며 시청률을 높인다.

여성의 영원한 화두는 여성으로서의 아름다움을 유지하는 것이다. 그런데 이 아름다움의 정의가 지금 우리 사회에서는 너무 왜곡되어 있다는 생각이 든다. 얼굴, 헤어, 몸으로만 국한되는 이 아름다움에서 외적인 부분이 아니고서는 '아름다워 봤자'라고 치부되는 경향이 너무 강하지 않은가 생각해본다.

나도 메이크오버 프로그램에 참여한 적이 있다. 그때의 신청자 역시 자신만의 콤플렉스로 메이크오버를 원하고 있었고 프로그램은 참여자의 사연 그리고 비포&애프터를 공개하는 것으로 그녀에게 변화를 선물했다. 스타일 코칭을 시작한 이유도 〈팀 건의 가이드 투 스타일〉(여기에 성형은 없다)이라는 메이크오버 프로그램을 보면서 실제로 자신감 넘치는 참여자의 모습에 나도 덩달아 대리만족을 느끼며 기분이 좋아졌기 때문이다. 하지만 직접 참여해본 프로그램에서는 참여자의 변화에 초점이 맞춰져 있지 않았고, 어떻게 하면 방송을 무사히 진행할 수 있을까 하는 직업적 마인드만 실컷 느꼈다. 아마 그들은 그것이 정말 '직업'이니까 어쩔 수 없었겠지만 그 뒤로 한국에서 진행하는 메이크오버 프로그램에 조금 심드렁해진 것은 사실이다.

그렇다면 우리는 왜 이렇게 메이크오버 프로그램에 열광할까? 그것은 극적 반전과 이 프로그램 한 방으로 마치 인생이 역전될 수 있을 것 같은 분위기를 심어주기 때문이다. MC들과 패널들은 과장해서 놀라고 그렇게 과장하기 위해 더 극적 변화를 제공한다. 그러기 위해서는 헤어나 스타일만으로 되지 않는 성형이 들어가야 한다. 우리나라 메이크오버 프로그램이 그 극적 변화의 우위를 점하기 위해 성형을 버릴 수 없는 이유이기도 하다. 하지만 과연 정말 그럴까? 내가 본 메이크오버 프로그램은 성형 없이도 참여자의 자신감을 이끌어냈다. 그들은 성형을 통해 자신감을 심어주기보다는 MC들이 직접 나서서 자신의 단점을 보여줌으로써 단점은 누구나 가지고 있는 것이며 문제는 내 장점을 찾아서 어떻게 드러내는지에 있다고 강조했다. 그랬기에 참여자는 스스로에 대한 자존감을 높여갈 수 있었다. 물론 외국 프로그램의 속내를 알지 못하고 일방적으로 편을 들기는 어려울 수 있다. 하지만 적어도 성형 없이 스스로를 사랑하는 방법을 찾아준다는 점에서는 훨씬 의미 있다고 본다.

그런데 과연 성형 한 방으로 인생역전이 가능할까? 외적인 부분에 의해 내면에 상처를 가지고 있는 사람은 외적인 부분에서 나를 사랑할 수 있도록 장점을 찾아주는 것도 진행되어야 하겠지만 내면적인 치유도 같이 진행되어야 한다. 포장지만 바꾼다고 해서 내용물이 바뀌지는 않는다는 말이다. 내가 가지고 있는 만화책 중에 〈미녀는 괴로워〉라는 게 있다. 일본 만화인데 전신 성형을 한 주인공이 남자친구를 사귀게 되었는데 겉모습은 바뀌었지만 내면은 여전히 콤플렉스 덩어리인 원래 모습 그대로였기에 그 혼란에서 오는 코믹함을 안겨주는 장면이 꽤 있다. 스타일 코칭 역시 성형과 마찬가지로 콤플렉스는 보완하고 장점을 찾아주어 스스로를 사랑할 수 있도록 함으로써 자존감을 높여주는 작업이라는 점에서는 같다. 하지만 무턱대고 외모 콤플렉스가 심하니 성형을 해야 삶이 바뀔 수 있다고 이야기하는 것은 결국 성형을 하면 '만사 OK'라는 인식을 심어줄 수 있기에 상당히 위험한 발상이다.

성형을 하지 않아도 예쁜 연예인들이 공공연히 성형을 하고, 성형에 대해서 인정하고, 또 포털 사이트는 그것에 대해서 이슈를 만들고 사람들은 더 예뻐진, 더 멋있어진 그들에 더욱 열광하고 관대해진다. 난 가끔 포털 사이트 자체가 이런 것에 대해 심의를 해야 하지 않나 하는 생각을 한다. 외모에 대해서 어느 정도 개인적인 가치관이 생기는 성인들조차 CF에 등장하는 인물들의 외모에 대해 평가하거나 길거리를 지나가는 '분수에 맞지 않게 과감한' 여성들의 스타일에 질타를 할 정도인데 청소년들은 오죽하겠는가? 나 때도 고등학교 졸업선물이 쌍꺼풀 수술이었는데 지금은 더 심하면 심했지 덜하지는 않을 거라는 생각을 해본다.

인생역전, 그것은 현실이 불행한 사람들의 영원한 로망이다. 메이크오버 프로그램은 그런 점에서 일종의 대리만족을 준다. 그런데 인생역전은 아이러니하게도 결코 한 방에 오지 않는다. 내가 만났던 의뢰인들 역시 스타일 코칭을 시작으로 스스로에게 자신감을 갖고 이전과는 달라진 긍정적인 에너지로 삶을 바꾸려고 노력해서 좋은 결과를 얻었다. 만약 수동적인 '기대'만으로 뭔가 바뀌길 원한다면 그것은 메이크오버가 아닌 매직이다. 외적인 부분을 넘어 내적인 자존감까지 키워줄 수 있는 메이크오버 프로그램이 나온다면 그때는 정말 진심으로 열광할 수 있을 것 같다.

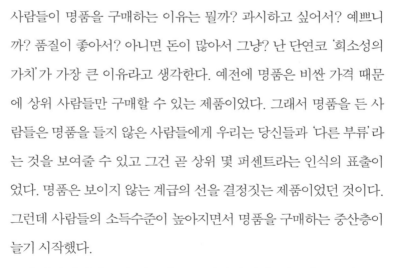

personal styling

명품의 가치는
어디에서 나올까

사람들이 명품을 구매하는 이유는 뭘까? 과시하고 싶어서? 예쁘니까? 품질이 좋아서? 아니면 돈이 많아서 그냥? 난 단연코 '희소성의 가치'가 가장 큰 이유라고 생각한다. 예전에 명품은 비싼 가격 때문에 상위 사람들만 구매할 수 있는 제품이었다. 그래서 명품을 든 사람들은 명품을 들지 않은 사람들에게 우리는 당신들과 '다른 부류'라는 것을 보여줄 수 있고 그건 곧 상위 몇 퍼센트라는 인식의 표출이었다. 명품은 보이지 않는 계급의 선을 결정짓는 제품이었던 것이다. 그런데 사람들의 소득수준이 높아지면서 명품을 구매하는 중산층이 늘기 시작했다.

우리가 살아가는 데 필요한 돈은 정해져 있다. 기본적인 의식주를 비롯해 생필품, 그리고 욕망을 채워주는 것들을 갖추는 데 돈이 든다. 욕망의 물질을 차지하기 위해서는 기본적인 의식주와 생필품의 비용을 줄이면 된다. 그러니 방법의 차이는 있겠지만 명품을 구매하고자 하는 욕구와 구매 능력은 이제 상위 계층만의 전유물은 아니다. 20대부터 50~60대까지 나이에 상관없이, 직업에 상관없이 길거리 어디서나 쉽게 명품을 볼 수 있다. 특별한 날에만 들어야 하는 혹은 너무 비싸 애지중지해야 하는 그런 것이 아니라 일상에서 쉽게 들고 스타일링할 수 있는 가격만 조금 더 비싼 제품이란 이야기다. 이는 명품 브랜드에 대한 진입장벽이 낮아졌음을 의미하는 것은 물론, 이제는 명품이 특권을 표현하는 제품이 아니고 자기 표현의 하나가 되었다는 것을 의미하기도 한다.

이제는 한때 완고했던 미학적인 위계질서가 무너졌다. 개인들은 그저 단순하게 사회적으로 더 잘사는 이들을 모방하거나 자신보다 낮은 계층과의 차별화를 추구하는 게 아니다. 중요한 것은 개인적인 취향이지, 엘리트 멤버십이 아니기 때문이다.

— 버지니아 포스트렐, 《스타일의 전략》 중에서

앞으로 갈수록 명품 브랜드의 착용만으로 그 사람을 평가하는 일은 줄어들 것이다. 대신, 명품 브랜드를 입건 저렴한 브랜드를 입건 그 사람의 개성과 가치를 잘 드러내주느냐 그렇지 못하냐에 더 주목할 것이다. 명품 브랜드로 치장한 사람과 그렇지 않은 사람을 놓고 봤을 때 우리는 '명품 브랜드'에 시선이 쏠리는 것이 아니라 전체적으로 '멋진 스타일'이 풍기는 분위기에 반하기 때문이다. 품질 면에서 좋은 브랜드를 사용하는 것은 뭐랄 수 없으나 단지 비싸다는 이유 하나만으로 타인과 계급적 선을 긋기 위해 구매한다면, 당당한 소비자가 아니라 명품 브랜드의 마케팅 부서가 가장 좋아하는 소비자가 될 것이다.

마케팅은 나도 명품을 갖고 싶다는 욕망을 가진 대중의 결핍을 파고든다. 20퍼센트의 매출을 올려주는 80퍼센트의 대중을 위해 저렴하고 실용적인 제품을 내놓으면서도, 진짜 상위의 20퍼센트를 위해 더 특별하고 더 비싼 제품을 계속 출시하는 것이 명품 브랜드의 전략이다. 돈이 많은 사람들이야 그렇다 쳐도 내가 감당하기 힘든 액수의 제품을 구매하는 것은 점점 더 명품이 명품으로 보이기 힘들어지는 지금 현명한 생존전략은 되지 못한다. 그렇다면 명품은 전혀 가치가 없는 것일까?

나도 명품 브랜드에 끌릴 때가 있다. 단, 내가 좋아하는 디자인이면서 실용적인 제품을 발견했을 때다. 명품을 사는 데 문제점은 첫째 내가 감당할 수 없는 금액임에도 구매를 감행하는 용감무쌍함, 둘째 예쁘지도 않은데 단지 명품이라는 이유 하나만으로 구매하는 대세적 취향, 셋째 제품의 기능과 미와 실용성을 다 합쳐도 이해가 가지 않는 비합리적인 가격이다. 명품을 구매할 때는 단연 이 세 가지에 포함되는지를 잘 따져봐야 한다. 나 역시 명품이 일반 제품에 비해서 품질이 좋다는 것에는 특별히 이견이 없다. 하지만 품질이 좋다고 내가 생각하는 그 제품 가치의 10배 가격을 내라고 하는 것은 바람직하지 않다고 생각한다. 예쁘고 실용적이면서 가격도 합리적인 명품이라면, 생애 한두 개 정도의 명품은 감가상각비를 계산해서라도 추천할 만하다.

예컨대 명품백은 가죽의 품질이나 바느질 상태도 좋기에 한 번 사놓으면 최소 5년에서 10년은 들 수 있다. 스페셜 에디션이 아닌 스테디셀러는 더더욱 그렇다. 어설프게 스페셜 에디션을 사는 것은 명품을 사서 몇 번 사용하지도 못하고 옷장 한구석에 전시나 해놓는 결과를 초래할 수도 있다. 나한테 어울리는 옷을 살 때처럼 '단지 명품이라는 이유 하나'만으로 구매하지 말고, 나한테 어울리고 자주 활용할 수 있는 아이템을 선택해야 한다. 그래야 진정한 명품의 값어치를 한다.

명품은 뛰어나거나 이름난 물건을 말한다. 아무리 이탈리아 장인이 한 땀 한 땀 손바느질을 하여 만들었다고 해도(물론 지금은 대량생산 체제라 손바느질은 어림도 없다) '희소성의 가치'를 단지 돈으로만 환산해서 마케팅하는 명품은 사라져야 할 것이다. 소비자인 우리가 진짜 명품을 보는 눈을 키워야 하는 이유다.

personal styling

스타일에도
훈련이 필요하다

20대에 나에게 꼭 맞는 직업을 찾을 확률은 얼마나 될까? 기업 교육 전문가는 어림잡아 10퍼센트가 안 될 거라고 이야기한다. 내가 무엇을 잘하고 무엇을 원하는지를 아는 20대도 적거니와 정작 내가 잘하고 원한다고 생각했던 일도 실제와 다를 확률이 높기 때문이다. 그래서 직업을 찾을 때는 한 번에 찾는 것보다 나에게 가장 적합한 일을 찾아가는 과정이 더 중요하며 그 과정을 즐겨야 한다고 한다. 그렇게 프로페셔널이 쌓인 30대가 20대보다 멋져 보이는 것은 이러한 과정을 거쳐 자신한테 가장 자연스러운 일을 찾았기 때문은 아닐까?

스타일도 마찬가지다. 우리는 고등학교를 졸업하고 평생 입어도 남을 만한 옷에 둘러싸여 어떤 옷이 나에게 가장 잘 어울릴지를 탐색하는 자유를 맛보게 된다. 하지만 교복이라는 틀에 갇혀 나의 취향을 표현할 수 있는 선택권을 박탈당했던 10대를 거쳐 너무나 갑작스러운 자유를 맛본 20대는 과연 어떤 옷을 선택하는 것이 최선인지 혼란스러워한다. 그래서인지 20대 초반의 옷 입기는 여자나 남자나 어색해 보이며 약간은 촌스러워 보이기도 하고 그러면서 순수해 보인다. 아직은 어떤 것을 선택해야 할지 기준이 잡히지 않은 깨끗한 도화지 같다.

그럴 때 자기 기준이 없으면 유행이나 친구들의 옷차림에 영향을 받기 쉽다. 하지만 그런 것까지 포함해서 내가 입고 싶은 스타일에 도전해보는 시기가 바로 이러한 자유를 만끽하는 20대이다. 부모님의 영향 아래서 해보고 싶은 것을 다양하게 경험해보는 시기인 만큼 스타일도 나한테 어울리는 게 어떤 것인지 편견 없이 제한 없이 많이 시도해보고 확인해보는 시기다. 품질에 구애받지 않고 저렴한 SPA 브랜드에서부터 백화점 브랜드까지 자유자재로 시도해볼 수 있는 나이가 바로 20대다. 이 시기에 옷을 많이 입어보고 확인해보고 내가 좋아하는 캐주얼 룩이 뭔지 감을 잡았다면, 그 감각으로 일을 시작할 20대 중반에서 후반까지 또 비즈니스 캐주얼 룩에 대한 감을 기르는 훈련을 해야 한다. 20대라 하더라도 캐주얼을 많이 입는 초·중반과 사회에 발을 들여놓기 시작하는 중·후반대의 비즈니스 캐주얼 스타일은 다르기 때문이다.

이렇게 다른 두 가지 색깔의 스타일을 마음껏 입어보고 그것을 바탕으로 30대에 내 스타일을 정립하는 것이 맞는 순서다. 그래서 자신의 옷차림이 가장 마음에 들고 자연스러워질 때는 평균적으로 서른다섯 살쯤이라고 한다. 20대부터의 훈련과 경제적으로 여유 있는 환경이 맞물린 결과가 아닐까 한다. 그래서 30대에 나한테 어울리는 스타일을 찾지 못한 사람들은 나에게 맞는 일을 하고 있지 않은 사람처럼 자신감이 없어 보인다. 어떤 옷을 입었을 때 마치 내 옷장에서 꺼낸 것처럼 자연스럽게 온몸에 착 감기는 느낌, 그런 것이 바로 내 스타일이며 그렇기에 30대에는 쇼핑을 나가서 이런 아이템을 볼 줄 아는 감각을 가져야 한다.

　이런 감각이 없어서 매번 쇼핑에 실패하는 것이다. 예쁜 옷만 찾으려고 하지 말고 나에게 어울리는 옷이 어떤 것인지 충분히 시도하고 확인하지 못한 결과다. 40대는 내가 어떤 스타일이 어울리는지 알지만 그 옷에 얽매이지 않는 나이라고 말하고 싶다. 논어에서는 40세를 불혹이라고 한다. 세상일에 정신을 빼앗겨 갈팡질팡하거나 판단을 흐리는 일이 없다는 말이다. 나만의 기준으로 세상일에도 흔들림이 없는데 아무렴 스타일에서 흔들릴쏘냐. 그저 그때그때 변화에 맞춰 융통성 있게 나를 바꿔가는 것이 남에게 휘둘리지 않고 내 스타일을 지키는 40대의 스타일이다.

　뭐든 하나의 스타일만 고집하면 지루하고 재미없듯이 20대에 다양한 옷을 입어보고 시도해보았던 경험적 황금기를 지나 나만의 취향으로 어울리는 스타일을 만끽하는 경제적 황금기의 30대 스타일, 조금씩 변화를 시도하고 가끔은 나이를 깨보기도 하는 정신적 황금기의 40대까지 우리 삶에 어떤 시기도 허투루 할 것이 없듯이 스타일은 늘 우리의 삶과 함께한다. 삶을 대하는 태도가 달라지듯이 스타일을 대하는 마음가짐 역시 삶에 맞게 흘러간다. 그것이 바로 스타일을 대하는 우리의 태도다.

personal styling

행복한 삶을 위한
착한 옷 입기

4년 전 퍼스널 스타일링을 처음 시작했을 때는 그저 사람들을 돕는 게 좋았다. 그녀(또는 그)의 장점과 매력을 겉으로 드러낼 수 있도록 도와주는 게 좋아서 개인 스타일 코칭을 시작했다. 그런데 하다 보니 사람 이외의 것들이 보이기 시작했다. 우리가 안 입는 옷들이 너무나 많다는 것을 알게 되었고, 비효율적인 쇼핑도 수시로 한다는 것을 알 수 있었다. 그런 부분을 보다 보니까 사람을 돕는다는 개인적인 보람에서 뭔가 이것을 더 크게 바라봐야 한다는 사명감이 들기 시작했다.

난 이것을 착한 옷 입기라고 명하고 착한 옷 입기 운동을 전파하고자 한다. 물론 나보다 훨씬 착한 옷 입기를 지향하는 사람도 많을 것이다. 지구촌 곳곳에서 생겨나는 리사이클링 운동이나 재활용 디자인, 입던 옷을 새 옷과 마찬가지로 구매해 입는 흐름까지. 여러 방식의 착한 옷 입기가 점점 유행처럼 번지고 있다. 우리는 왜!(여기선 〈개그콘서트〉의 '네 가지'에서처럼 강하고 불만 가득한 말투로 외쳐보자) 착한 옷입기를 해야 하는가? 그것은 불량 옷 입기가 우리 자신과 우리 삶에 하등의 도움이 안 되기 때문이다.

착한 옷 입기 1단계 : 나에게 어울리는 옷을 안다

이건 극히 주관적인 것이긴 한데 나에게 어울리는 옷, 즉 나의 장점과 매력을 드러내 나를 빛내주는 옷을 입고 있느냐 하는 거다. 또는 내 취향을 충분히 만족시킴으로써 자신감이 생기고 옷 입기에 만족하느냐는 거다. 이 두 가지가 안 된다면, 당신은 불량 옷 입기를 하고 있는 것이다. 나이가 들수록 많은 사람이 나에게 좋은 영향을 끼치는 것들 위주로 삶을 채워가고 싶어한다. 당연히 옷과 스타일도 거기 포함된다. 스타일 코칭을 신청하는 사람 중 50퍼센트 이상이 싱글 남녀다. 이성에게 어필하기 위한 스타일이 필요해서이기도 하지만 일에 치여 정작 나를 가꾸지 못했던 부분을 지금이라도 채우고 싶은 것이다. 삶에서 우선순위가 바뀌게 되는 시점에 나를 돌아봄으로써 스타일의 변화를 원한다. 그래서 착한 옷 입기다. 외적인 변화는 내적인 변화를 불러일으킨다. 평소에 입지 않던 옷을 입고 나와서 거울을 봤을 때의 표정에는 어색함도 있지만 대부분은 놀라움과 환함이 공존한다. '나에게 이런 모습도 있었나?' 하는 표정이 말을 대신한다. 새로운 선택으로 새로운 모습을 발견했을 때 (성공적이라면) 사람은 내적으로 스스로를 더욱 사랑하게 된다. 예쁘고 멋진 옷을 입어서가 아니라 삶에서 내가 원하는 모습으로 드러났을 때 사람들은 진정 만족하기 때문이다.

착한 옷 입기 2단계: 안 입는 옷은 처분한다

옷장에 있는 옷을 순환시키지 않고 계속 구매만 하는 상황을 나는 몸에 잘 비유한다. 사람이 먹기만 하고 배출을 하지 않으면 어떻게 되겠나? 죽는다. 여자건 남자건 20대부터 본인의 스타일에 대한 선택권을 줄 확률이 높고 그때부터 우리는 옷을 하나씩 사 모으게 된다. 그런데 문제는 사기만 하지, 버리지는 않는다는 거다. 물론 요새는 정리에 관한 책도 많아졌고 정리에 대한 중요성이 점점 증가하는 추세라 조금씩 정리를 하지만 그래도 옷은 왠지 쉽게 버리지 못하는 품목 중 하나다. 30대가 된 주부들 역시 살을 빼서 혹은 언제 활용하게 될지 몰라서 등의 이유로 20대 아가씨 때 입었던 옷을 고이고이 간직하고 있다. 옷은 부피도 크고 관리를 제대로 하지 않으면 쉽게 낡아지므로, 입지 않을 거라면 빨리빨리 처분하는 게 상책이다. 리폼을 하거나 복고풍으로 입더라도 그것 역시 어느 정도 돈이 들어가며 제대로 입기 위해서는 또 추가적인 요인이 발생하기에 쉬운 게 아니다. 그래서 그냥 낡은 건 버리고, 쓸만한 건 팔고, 괜찮은 건 나눠 입으라고 하는 것이다. 안 그래도 패스트패션이 활개를 쳐서 옷이 넘쳐나는 지구환경인데 이런 식으로라도 리사이클이 필요하지 않겠는가. 어차피 갖고 있어도 활용하지 않을 옷들 아닌가? 입지 않는 옷은 죽은 옷이나 마찬가지다. 옷도 그렇고 옷장도 숨통을 틔워주자. 불량 주인에서 벗어나 착한 주인으로 거듭나는 것이다.

착한 옷 입기 3단계 : 나를 위한 소비를 한다

우리는 과연 똑똑한 소비를 하고 있는가? 명품을 사는 게 나쁜 게 아니라 뭐든 가치 활용을 못 하는 게 나쁜 거다. 우리는 철철이 옷을 구매한다. 난 개인적으로 자기만의 멋을 낼 줄 아는 게 중요하다고 생각하는데, 나한테 어울리는 옷을 잘 알아서 하나의 옷을 사서 잘 입는다면 문제가 되지 않는다. 만약 내가 예전에 부담스러워서 사지 않았던 빈폴진의 27만 원짜리 데님을 샀더라면 난 주야장천 그것만 입었을 것이다. 그런데 7만 원짜리 청바지를 사도 막상 입어보니 별로여서 한 번 입고 입지 않는다면 그것을 현명한 소비라 할 수 있을까? 그 경제적 손실을 누구에게 한탄할 것인가? 실제로 이런 일들은 허다하다. 백화점에 가서 200만 원어치의 옷 4벌(40벌이 아니다)을 사서 한 번 정도밖에 안 입게 된 경우라든가, 정말 필요해서 구매하기보다는 습관적으로 구매하는 경우다.

물론 옷을 제대로 볼 줄 알아서 가격 대비 정말 괜찮은 품질의 옷을 적당한 브랜드에서 구매할 줄 아는 게 가장 좋지만 그렇게 할 수 있는 사람은 많지 않다. 그래서 우리에겐 우리 삶을 위한 행복한 옷입기가 필요한 것이다. 마네킹이 완벽히 소화하는 아이템일지라도 나에게 어울리는지 안 어울리는지 확신이 없다면 당연히 안 사는 게 맞다. 점원이 아무리 달콤한 말로 꼬드겨도 자기 눈에 하트가 생기지 않는다면 절대 구매하지 말 것. 자기 눈에 하트가 안 생기는 건 볼 줄 몰라서 그런 게 아니라 그런 옷을 입어본 적이 없기 때문이다. 그러니 자신을 믿자.

나를 위한 착한 옷 입기는 무엇인지 생각해보자. 이효리의 동물 아이템 지양 운동도 그렇고 패스트패션에 맞선 슬로우패션도 그렇고, 어떤 것을 선택하든 자기만의 멋을 충분히 알아야 실천에 옮길 수 있다고 생각한다. 그리고 이런 의식적인 부분은 그냥 혼자 외쳐댈 뿐이지 특별히 강요할 수 있는 것도 아니다. 나 역시 '착한'을 타고나지 않았기에 분명 노력해야 할 것이다. 그럼에도 우리는 앞으로 이런 부분을 삶에서 간과할 수 없을 것이다. 앞으로는 더더욱 나만을 위한 삶이 아니라 우리를 위한, 나아가 지구와의 공존을 생각하는 삶이 될게 분명하기 때문이다. 패션의 언저리에 있는 나는 그렇게 믿어 의심치 않는다.

personal styling

취향을 넘어
정체성으로

대부분의 사람은 옷을 잘 입기 위해서는 스타일 센스나 옷 입는 감각을 길러야 한다고 생각한다. 물론 일부분 맞는 이야기다. 그런데 스타일 코칭을 하면서 확인한 사실은, 옷에 대한 도전의식이나 감각이 물이 오를 때는 정작 스타일링을 잘하게 돼서가 아니라 스스로에 대한 자신감을 되찾았을 때라는 점이다. 사람들은 누구나 자신의 취향이란 것을 가지고 있다. (자신의 취향이나 기호를 모른다면 한 번쯤 깊이 생각해봐야 할 것이다.) 그것은 곧 개성이라고도 볼 수 있는데 대부분의 옷 잘 입는 사람들은 스스로에 대한 자신감에 자기만의 확고한 취향이 결합하여 나타나는 당당함이 있다.

그런데 여기서 하나 더 언급해야 할 것은 스타일이 단지 자신감과 취향으로만 설명할 수 있는 것은 아니라는 점이다. 바로 삶의 정체성이라는 부분이 필요하다. 이것은 '나는 어떤 사람이다'라는 것을 알고 있는 나만의 확신이며 내가 살고자 하는 삶에 대한 태도를 말한다.

몇 가지 예를 들어보겠다. 많은 이들이 그러하듯이 나도 스티브 잡스를 높게 평가하는데 점수를 주는 지점이 조금 다르다. 그가 스마트기기에서 우리 삶을 획기적으로 바꿔놓았다는 점에 더해, CEO로서 자신을 의례적인 정장 스타일이 아니라 아주 편한 청바지와 검은색 니트티 그리고 운동화로 표현했다는 것이다. 그런 그의 스타일은 보는 이를 편하게 하고, 자신을 상황에 구애받지 않게 하며, 나아가 어떤 상황에서도 자신을 더 돋보이게 했다. 아이폰이나 아이패드가 기존의 고정관념을 뛰어넘어 혁신적이었듯이 그의 스타일 역시 기존의 틀을 뛰어넘는 자신만의 확신과 취향이 있었다. 실용적인 것을 추구하건, 편한 것을 추구하건 그것이 스타일에 반영된다면 그것이 바로 자신의 취향이다.

또 다른 한 명은 이외수 선생님이다. 이분은 집에서는 편한 한복 차림으로 지내며, 외출할 때면 화사한 색깔의 카디건이나 캐릭터가 그려진 젊은 느낌의 옷을 입는다. 긴 머리도 그의 트레이드마크 중 하나다. 자유인이라는 느낌을 주는 이런 스타일은 그의 말랑말랑한 사고와 책에서도 느껴진다. 딱딱하고 직선이 대부분인 정장에서 벗어나 곡선이 많고 편안한 색깔의 한복을 고수하는 이외수 선생님의 스타일은 외모를 중시하기보다는 내 삶에 가장 잘 맞게 다듬어진 진정한 퍼스널 스타일이란 생각이 든다.

세 번째는 김어준 총수다. 셀러브리티들이 자기만의 스타일을 갖고 있듯이 김어준 역시 트레이드마크가 있다. 그가 자주 하는 말로 뇌가 섹시한, 자신만의 삶의 정체성이 확고한 이들은 이렇듯 트레이드마크 하나쯤은 가지고 있다. 그의 트레이드마크는 사자 갈기 같은 산발이다. 이것은 마초 같은 그의 이미지를 굳히는 데 한몫하기도 했지만 다르게 보면 기존의 고정관념대로 살지 않는 거침없는 삶의 태도를 보여주는 것이라고 생각한다. 내가 그를 안 지(매체를 통해) 꽤 됐는데 저 머리 안 한 걸 본 적이 없다. 기득권에 반기를 들 줄 알고 옳지 않은 것은 위험을 감수하고서라도 바로잡아야 하는 그의 거친 삶은 다 듬어지지 않은 것처럼 보이는 그의 헤어 스타일과 많이 닮아 있다. 그럼에도 절제된 컬러와 자신만의 취향(파란색 와이셔츠가 참 잘 어울린다)으로 은근히 훈남 중년의 포스를 풍기기에 많은 팬을 거느리고 있다.

셋의 공통점은 바로 삶의 정체성이 확고하다는 것이다. 우리는 패셔니스타나 스타일리시한 셀러브리티들을 보면 부러워한다. 어떻게 저렇게 멋질 수 있을까? 그런데 나는 그들보다 한 수 위가 바로 이들처럼 삶의 정체성이 퍼스널 스타일로 묻어나는 것이라고 본다. 그래서 셀러브리티들보다는 이러한 사람들에게 더 끌린다.

외적인 스타일은 앞서 말했듯이 나에 대한 자신감과 취향에 대한 확고함만 있으면 감각적으로 보일 수 있다. 그런데 삶의 정체성이 스타일로 묻어나는 경지는 웬만한 내공과 삶의 확신이 어우러지지 않으면 어림도 없다. 나는 사람들이 외적인 스타일도 중요하지만 이러한 정체성이 묻어난 스타일을 갖기를 바란다. 스티브 잡스나 이외수, 김어준이 스타일리시해지려고 노력을 했을까? 모르긴 몰라도 그렇

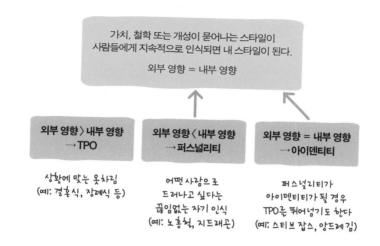

진 않았을 거라고 본다. 그들은 그냥 자기 삶을 살았을 뿐이다. 그리고 그 삶에 가장 맞는 스타일을 찾은 것일 뿐이고. 그래서 스타일리시해지기 위해서는 잡지를 보거나 스타일 전문가에게 도움을 청하거나 매체 등을 통해 독학을 하는 다양한 방법이 있겠지만, 가장 확실한 방법은 삶의 정체성부터 찾는 것이다. 스타일리시해지고 싶은 이유는 결국 사랑받고자 하는 욕구 때문이며 이것은 외적으로 스타일리시해지는 것보다 확고한 삶의 정체성으로 뇌가 섹시해졌을 때 더 위력적이다.

스타일
코치 톡

스타일링 관련
직업 분석

● **이미지 컨설턴트**

　　다른 사람들에게 주는 외적 인상을 창조하고 관리해주는 사람

● **퍼스널 쇼퍼**

　　쇼핑의 편의를 위해 각 고객의 취향 등에 맞는 맞춤형 쇼핑을 도와주는 사람

● **스타일 코치**

　　고객에게 맞는 스타일을 찾아주고 외적인 부분을 바꿔줌으로써 자신감 있는

　　삶을 살 수 있도록 도와주는 사람

● **퍼스널 스타일리스트**

　　고객에게 가장 잘 어울리는 스타일을 찾아주고, 라이프스타일에 맞게 일대

　　일 맞춤형 코디를 해주는 사람

● 쇼핑 컨설턴트

고객의 쇼핑 패턴이나 습관을 개선시켜 합리적이고 주체적인 소비, 실용적

인 옷 입기를 할 수 있도록 돕는 사람

notes 4 | 퍼스널 스타일링 분야 직업 그래프

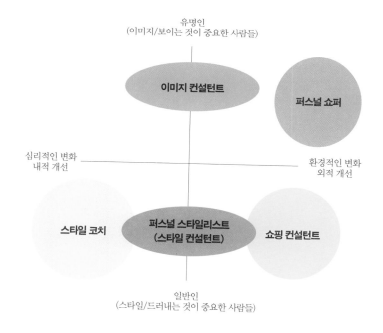

2장

내가 누구인지를

보여주는 옷장

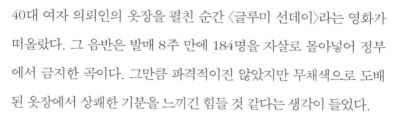

personal styling

어두운 계열의
옷들만 있다

40대 여자 의뢰인의 옷장을 펼친 순간 〈글루미 선데이〉라는 영화가 떠올랐다. 그 음반은 발매 8주 만에 184명을 자살로 몰아넣어 정부에서 금지한 곡이다. 그만큼 파격적이진 않았지만 무채색으로 도배된 옷장에서 상쾌한 기분을 느끼긴 힘들 것 같다는 생각이 들었다.

무채색이 나쁜 것만은 아니다. 도시적인 색의 대명사이며 시크하면서도 차가워 보여 차도녀 이미지를 내기에는 딱이다. 하지만 1년 365일 차도녀 이미지만을 고수한다면 차가움을 넘어 딱딱하고 재미없다는 인상으로 굳어질 수 있다. 뭐든 적당한 것이 좋듯이 스타일링에서도 마찬가지다. 무채색 옷과 함께 나에게 어울리는 컬러를 알아두면 가끔 밝고 화사한 이미지를 내는 데 도움이 된다.

사람들에겐 저마다 어울리는 퍼스널 컬러가 존재한다. 이를 스스로 알아내기엔 어려움이 있기에 전문가의 도움을 받거나 뷰티 프로그램을 참고하면 좋다. 사람들은 본능적으로 밝은 것을 좋아한다. 나만의 컬러를 찾아 가끔은 샤이니 선데이를 느껴보자.

스타일이라고 해서 반드시 옷에 컬러가 들어갈 필요는 없다. 가방이나 머플러 등 액세서리를 이용해 무채색에 포인트를 주면 기존의 시크함도 살리면서 남다른 스타일을 만들 수 있다.

:: 무채색만 가득한 옷장 ::

무채색 아이템
시크하게 코디하는 법 1

밝기를 다르게 한다. 흰색과 검은색, 회색
등 명도에 차이를 줘서 무채색이지만 어둡
지 않게 느껴지도록 한다. 그리고 액세서리
로 포인트를 주어 밝기를 더한다.

무채색 아이템
시크하게 코디하는 법 2

컬러로 포인트를 준다. 무채색과 컬러감이
있는 아이템을 함께 코디함으로써 전체적
인 룩에 활력을 준다.

● 문제점: 검정과 어두운 색이 대부분인 옷장
● 솔루션: 스타일에 컬러를 입히자!

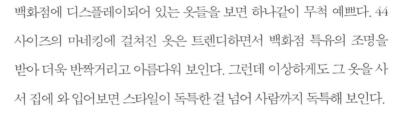

personal styling

독특하고 화려한
디자인만 있다

백화점에 디스플레이되어 있는 옷들을 보면 하나같이 무척 예쁘다. 44 사이즈의 마네킹에 걸쳐진 옷은 트렌디하면서 백화점 특유의 조명을 받아 더욱 반짝거리고 아름다워 보인다. 그런데 이상하게도 그 옷을 사서 집에 와 입어보면 스타일이 독특한 걸 넘어 사람까지 독특해 보인다.

그런데 바로 그와 같은 옷들로만 채워진 옷장도 있다. 백화점에 디스플레이된 옷은 무난한 것보다는 쇼핑객의 시선을 확 잡아끄는 것들이 많다. 컬러가 튀거나 디자인이 튀거나 실루엣이 과감하거나 중 한 가지는 갖춘 옷들이다. 이런 옷들만으로 스타일링을 하면 멋져 보이기보단 역효과를 내기가 십상이다.

영화에서 주연이 빛나려면 주연을 받쳐주는 조연과 엑스트라가 반드시 필요하듯 스타일도 마찬가지다. 트렌디하고 멋진 아이템들로만 스타일링한 옷은 주연만 가득한 정신 없는 영화를 보는 것과 같다. 트렌디하고 멋진 아이템과 잘 섞일 수 있는 베이직한 아이템들이 뒷받침되어야 한다. 하나가 튈 때 나머지들이 이를 받쳐주어야 한다는 말이다. 조연 중에 진정한 연기파 배우가 많은 것처럼 스타일링의 성공을 좌우하는 것은 뜻밖에도 베이직 아이템이 제 역할을 제대로 하느냐에 있다.

화려한 것과 베이직한 것을 매치할 수 있는 감각이 필요하다. 물론 상의도 화려하고 하의도 화려했을 때 어울리는 코디도 있다. 하지만 대체로는 한곳이 돋보인다면 한곳은 받쳐주는 역할을 할 때 더 빛나게 마련이다.

:: **독특하고 화려한 아이템이 가득한 옷장** ::

독특하고 화려한 아이템
심플하게 코디하는 법 1

패턴이나 컬러감이 독특하거나 화려할 때 그 외의 아이템은 '튀지 않는' 기본 컬러나 베이직한 것을 선택한다.

독특하고 화려한 아이템
심플하게 코디하는 법 2

전체적인 룩에서 독특하고 화려한 아이템이 중심이 되도록 입는다. 독특하고 화려한 아이템의 하의에는 베이직한 상의를, 상의가 화려하다면 하의를 베이직하게, 이너가 화려하다면 아우터를 베이직하게 코디한다.

● 문제점: 트렌디하고 멋진 아이템만 있는 것이 문제
● 솔루션: 베이직한 아이템과의 조화가 관건

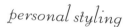

저렴해 보이는
아이템이 많다

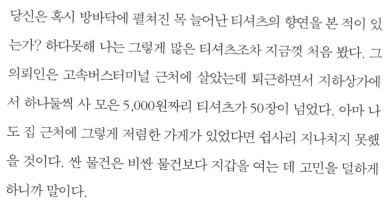

당신은 혹시 방바닥에 펼쳐진 목 늘어난 티셔츠의 향연을 본 적이 있는가? 하다못해 나는 그렇게 많은 티셔츠조차 지금껏 처음 봤다. 그 의뢰인은 고속버스터미널 근처에 살았는데 퇴근하면서 지하상가에서 하나둘씩 사 모은 5,000원짜리 티셔츠가 50장이 넘었다. 아마 나도 집 근처에 그렇게 저렴한 가게가 있었다면 쉽사리 지나치지 못했을 것이다. 싼 물건은 비싼 물건보다 지갑을 여는 데 고민을 덜하게 하니까 말이다.

티셔츠가 아니라도 사람들은 평소 '싼 물건'의 유혹에 쉽게 넘어간다. 하지만 '싼 게 비지떡'이라는 옛말이 달리 생겨났으랴. 어지간한 안목 없이는 싼 물건을 오래 쓰기란 쉬운 일이 아니다. 싼 티셔츠는 그만큼 빨리 늘어나고 쉽게 망가진다. 비싸다고 꼭 오래 입고 품질이 좋은 건 아니겠지만 확률적으로는 그렇다. 그러므로 싼 것만 고집하다가는 오히려 똑같은 돈을 쓰고도 더 저렴해 보이고 더 없어 보이는 옷만 입게 될 것이다.

좋은 옷을 고르는 안목을 높이는 것이 가장 좋지만, 그런 안목을 갖추지 못했음을 스스로 알고 있다면 지나치게 싼 것을 사지 않는 것이 현명하다. 적당한 금액을 지불하는 것이 실패할 확률이 낮다. 50 장의 티셔츠는 나의 스타일을 위한 지혜로운 쇼핑이라기보다는 그날그날의 업무 스트레스를 푸는 5,000원짜리 일회성 소비일 뿐이다.

유니섹스(남녀공용) 브랜드 말고 여성용 브랜드의 티셔츠들은 비즈니스 캐주얼용(재킷 안에 받쳐 입거나 면바지 위에 입는)으로도 손색이 없다. 2~3만 원이면 아울렛에서 괜찮은 티셔츠를 살 수 있다.

:: 저렴한 아이템만 있는 옷장 ::

충동구매 줄이고 꼭 필요한 것만 사기

티셔츠는 편하게 입을 캐주얼 티셔츠와 세미 정장용으로 서너 개씩만 있으면 충분하다.

티셔츠 있어 보이게 활용하기

재킷과 힐만 잘 매치해도 커리어 룩으로 변신할 수 있다. 나에게 맞는 티셔츠만 제대로 선택해도 큰돈 들이지 않고 멋지게 입을 수 있음을 기억하자.

● 문제점: 값싼 티셔츠가 수십 장
● 솔루션: 차라리 제대로 된 티셔츠 몇 장이 훨씬 낫다

personal styling

나이에 안 맞는
옷이 많다

스타일에서 나이에 구애받을 필요는 없지만 연령대에 맞는 스타일 (디자인/색깔)은 분명히 존재한다. 그런데 이 나이란 것이 대학생 때는 그냥 친구들처럼 입으면 됐지만 학교를 졸업하고 나면 비교할 기준이 사라진다. 상황에도 맞춰 입어야 하기 때문이다. 그래서 본인의 나이보다 더 들어 보이는 것이 유리한 환경이라면 점점 올드해 보이고 고루한 느낌의 스타일을 할 수밖에 없다. 실제로 선생님이나 공무원 중에 이런 분들이 많다. 본인의 나이보다 더 들어 보이게 입는 분들이 많은데 스스로 바꾸고 싶어도 환경적으로 튀는 걸 별로 좋아하지 않고 어려 보이는 것보다 나이 들어 보이는 것이 유리하기 때문이다. 하지만 프로페셔널이란 나이와 상관없는 것. 본인의 이미지에 맞으면서 상황에 맞는 옷차림이 그 사람과 그 사람의 환경을 더 빛내준다고 생각한다.

　클래식 또는 레트로(복고)한 아이템은 자칫 잘못 입으면 나이 들어 보인다. 특히 한 가지 아이템에 세 가지 이상의 색이 들어가면 촌스러워 보일 수 있다.

:: 나이에 안 맞는 옷들 ::

30대 초반의 옷장

30대 후반의 옷장　　　40대 초반의 옷장

나이보다 옷과의 어울림이 중요

사람은 나이가 들어가면서 자신만의 고유한 분위기를 갖게 된다. 그런데 거기서 벗어나면 나이가 훨씬 더 들어 보이거나 유치해 보이기도 하고 옷과 사람이 물과 기름처럼 따로 노는 느낌을 준다. 하지만 디자인과 컬러, 실루엣을 자신의 이미지에 잘 맞추면 어떤 아이템도 소화할 수 있다.

40대 초반을 위한 캐주얼 팁

40대 여성들이 옷 입기가 어려운 이유는 이 연령대에 특화된 브랜드가 거의 없기 때문이다. 30대처럼 입자니 이제 애들 엄마인데 자칫하면 유치해 보일 수 있고, 50대처럼 입자니 너무나 갑자기 나이가 들어 보인다. 이런 때는 트렌치코트나 트위드재킷 같은 기본 아이템을 활용해 조금은 젊게 도전해 보는 것도 좋다.

● 문제점: 실제 나이보다 지나치게 어리거나 노숙해 보이는 아이템들
● 솔루션: 자신의 이미지를 먼저 분석하고 거기에 맞출 것

personal styling

편한 옷만
가득하다

생활방식이나 환경에 따라 편한 스타일에 익숙해져 버린 사람들이 있다. 온통 남자들에 둘러싸여 공부하느라 거의 중성화된 공대 홍일점이나 아이를 키우느라 자신은 제대로 돌보지 못한 아기엄마들의 경우가 그렇다. 때로는 성향 자체가 멋 부리기를 귀찮아하고 꾸밀 줄 몰라서 편하게만 입고 다니는 이들도 있다.

이런 사람들은 어느 순간 변화하고 싶다는 욕구를 가지더라도 기존의 익숙함을 떨쳐내기가 무척 힘든 유형에 속한다. 왜냐하면 스타일을 생각할수록 편한 것과는 거리가 멀어져야 하기 때문이다.

예컨대 운동화와 플랫 슈즈, 힐이 있다고 해보자. 평소 운동화만 신던 사람이 바로 힐을 신고 다닐 수 있을까? 웬만한 의지가 없이는 힘든 일이다. 그래서 편한 스타일에서 벗어나고자 한다면 어느 정도의 노력이 필요하다. 이들에게 운동화보다 편한 신발은 없을 테니까 말이다.

정장이나 블라우스처럼 신축성이 없는 소재가 아니라면 티셔츠, 니트 모두 멋스러우면서 편한 아이템이다. 바지 역시 요즘에는 스판이 들어간 소재가 많으므로 굽이 거의 없는 플랫 슈즈(운동화보다는 불편하지만)와 매치한다면 편하면서도 루즈해 보이지 않게 스타일을 구현할 수 있다.

:: 편한 아이템밖에 없는 옷장 ::

편하게 멋 내는 법 1

전체적인 라인을 살려서 입는다. 힐이 부담
스럽다면 플랫 슈즈부터 시작한다.

편하게 멋 내는 법 2

바지는 가능하면 스판기가 있는 걸 입는다.
상의는 루즈하되 라인이 살아 있는 걸로 고
른다.

- 문제점: 편하고 힐렁한 옷, 운동복밖에 없는 옷장
- 솔루션: 편안함과 핏의 절충선을 찾아라

personal styling

모두 비슷비슷한
디자인이다

사람들은 익숙한 것에서 편안함을 느낀다. 그래서 항상 만나던 사람들과 만나고 항상 가던 식당만 가며, 심지어 화장실도 같은 칸에만 들어간다. 스타일에서도 이런 성향은 그대로 나타난다. 자신에게 잘 어울린다고 생각하는 디자인이 있다면 무의식적으로 계속 같은 디자인만 구매한다.

그러면서도 자신은 잘 느끼지 못하는데, 이런 점은 옷장을 정리하다 보면 대번에 드러난다. 비슷한 디자인이거나 비슷한 실루엣이거나 비슷한 컬러이거나 하는 식으로 말이다. 한 번은 검은색 재킷만 일곱 개를 가진 의뢰인을 본 적이 있다. 실루엣과 디자인은 모두 달랐는데 그 의뢰인한테 '딱 맞다' 할 정도의 아이템은 그중 두 개뿐이었다.

이럴 때 그 사람은 블랙 재킷 일곱 개를 다 입을까? 아마도 그렇지 않을 것이다. 그렇다면 그중에 나에게 가장 잘 어울리는 두세 개를 남기고 나머지는 기부하거나 다른 사람에게 주어야 한다. 아무리 좋아하는 아이템이라 해도 내가 입지 않으면 무슨 소용이 있겠는가. 옷은 입어야 생명력을 얻기에 아이템을 가지고만 있는 것은 주인에게나 옷에게나 아무 의미가 없다.

　현재 가진 비슷비슷한 아이템 중에서 최적 아이템만 사수하자. 그리고 자신이 어떤 디자인을 계속 구매하는지 인식하여 반복되는 패턴을 피하고 다양한 스타일링을 할 수 있게 하자.

:: 비슷비슷한 디자인만 있는 옷장 ::

비슷한 아이템 코디법 1

디자인과 실루엣이 비슷하다면 똑같은 아이템과 잘 어울릴 확률이 높다. 가지고 있는 비슷한 아이템을 활용할 수 있는 key 아이템을 사수하자.

비슷한 아이템 코디법 2

실루엣과 디자인이 비슷하더라도 패턴과 컬러가 다르면 그나마 다행이다. 역시나 함께 코디할 수 있는 아이템을 찾아 비슷한 아이템을 활용하자.

● 문제점: 같은 아이템과 실루엣, 디자인이 여러 개씩 있는 옷장
● 솔루션: 최적 아이템만 남기고 입지 않는 옷은 기부하자

personal styling

옷의 순환과
정리가안된다

무의식적인 쇼핑 패턴이나 반복되는 습관에서 오는 문제점은 개인적인 것으로 사람마다 정도의 차이가 있다. 그런데 옷의 정리가 안 되는 것은 여성 대부분의 고민이다. 우리 부모님 세대의 가치관으로는 무언가를 버리는 것은 바람직한 일이 아니었다. 무조건 아끼고 다시 쓰는 것이 미덕이었다. 하지만 이제는 잘 버려야 더 잘살 수 있다는 가치관이 대세다. 필요한 것만 남기고 나머지는 정리하자.

자, 그럼 옷장을 한번 열어보자. 아무리 최적의 아이템을 새로 장만했다 해도 과거의 혼란스러운 아이템들과 섞여버린다면 흰 우유에 초코가루가 섞이는 것이나 마찬가지다. 어떤 옷이 나에게 어울리는 것이었는지 찾아보기 힘든 상황이 반복된다. 그러므로 낡은 옷들은 버리고, 버리기 아까운 옷이나 괜찮은 옷들은 기부하여 옷장을 비

:: 정리가 안 될 정도로 옷이 너무 많은 옷장 ::

우는 과정이 반드시 필요하다. 뭐든 비워야 새로운 것을 받아들일 수 있다. 우리의 몸이 먹고 비우는 것을 반복하듯, 옷 역시 쌓이지 않고 순환해야 스트레스 없는 옷 입기가 가능해진다.

추억이 깃든 옷을 부여잡고 과거를 기억하며 살아가기보다 아름다운 추억은 머릿속에 간직하고 새로운 앞날을 위해 정리의 시간을 가질 것을 권한다.

옷장에서 빼야 할 아이템은 일주일에 한 번도 안 입는 옷이 가장 먼저다. 아마 그런 옷이 분명 몇 벌씩은 있을 것이다. 매장에서는 예쁘다고 생각해서 구매했는데 집에 와서 보니 별로였거나 지나가다 저렴해서 충동구매한 옷 등이다.

● 구매는 정기적으로 이루어지는데 기부 · 폐기하는 옷은 없음 →옷의 순환이 안 됨
● 자주 입는 옷 vs. 가끔 입는 옷 vs. 거의 안 입고 앞으로도 안 입을 옷 →자기 스타일
과 일치하는지 확인 →기부 혹은 버려야 할 옷 정리하기

옷장 상자	기부 · 폐기 상자
자주 입고 좋아하는 옷	일주일에 한 번도 안 입는 옷
활용도가 높은 옷(기본)	몸에 맞지 않는 옷
이미지와 체형에 맞는 옷	낡고 허름한 옷
	오래되어 촌스러워 보이는 옷

옷 기부: 아름다운 가게(www.beautifulstore.org)
중고의류 매입, 판매: 클로젯 카페(www.closetcafe.com)

그다음에는 몸에 맞지 않는 옷이다. 다이어트를 해서 입겠다고 놔
둔 옷이 대표적이다. 나도 온라인으로 구매한 청바지가 있다. 한 치
수가 작음에도 살을 빼서 입겠다는 생각으로 구매했지만 그 아이템
은 우리 집에 온 이후 2년 동안 한 번도 옷장 밖을 구경하지 못했다.
허벅지에 도통 변화가 일어나지 않는 주인을 원망할까 하여 친구에
게 줬다.

세 번째는 허름한 옷이다. 옷은 많이 입으면 낡게 마련이다. 그리
고 품질이 안 좋은 옷일수록 허름해지는 속도도 빠르다. SPA(Specialty
store retailer of Private label Apparel) 브랜드라면 한 계절 이상 입기는
어렵다고 보면 된다. 보풀이 많이 일었거나 구멍이 났거나 해진 옷은
버릴 것을 추천한다.

옷장도 숨을
쉬게해주자

옷장 코칭을 진행하면서 느낀 의뢰인들의 공통점이 있다면 옷장에 꽉 찬 옷을

뇌두고도 입을 옷이 없다고 불평하는 것이었다. 하지만 문제는 옷 자체가 아니

라 옷을 구매하는 본인의 태도에 있다. 트렌디한 아이템만을 사놓고 어떻게 매

치해서 입어야 할지 모르는 사람, 매일 퇴근하면서 지나치는 지하상가의 저렴한

아이템을 하나둘씩 사 모았지만 정작 입었을 때 사람마저 남루해지는 아이템,

옷은 꾸준히 사는데 사놓고 보니 하나같이 어두운 색인지라 다른 디자인이어도

비슷해 보일 수밖에 없는 사람 등 수많은 안타까운 사연을 만났다.

우리는 왜 이런 패러다임에서 벗어나지 못하고 옷이 없다는 불평을 계속하는

걸까?

정말 놀라운 건 본인들은 옷장 속 문제점이 잘 보이지 않는다는 것이다. 옷장에

있는 아이템을 하나씩 점검하면서 문제점을 짚어주고 개선점을 제안하면, 자신

이 옷은 많은데 정작 옷장 앞에서 한숨 쉬며 넋 놓게 되는 이유가 무엇인지를 그제야 깨닫게 된다.

우리는 이제 옷장을 객관적으로 점검해봐야 한다. 옷장 속 옷들을 하나씩 꺼내 보며 분석하다 보면 옷은 많은데 왜 입을 옷이 없는지, 어떤 점을 개선해야 하는지를 알게 될 것이다. 나아가 가지고 있는 옷만으로도 새로운 스타일링이 보이는 마법 같은 현상이 일어날 것이다.

옷장이 터질 지경이어도 입을 옷이 없다고 말하는 것이 아니라, 옷장의 숨구멍을 틔워주면서 개선점을 찾아 스타일까지 섬세하게 신경 쓰는 현명한 옷의 주인으로 다시 태어나자.

3장

쇼핑 습관을 바꿔야

스타일이 산다

쇼핑,
입어봐야 안다!

교육은 물론 직장에서도 창의력, 상상력이 대세다. 나는 여기에 '쇼핑'도 상상력이 필요한 분야라고 생각한다. 성공적인 쇼핑 역시 상상력에 좌우되는 경우가 많다. 대부분 사람이 쇼핑을 할 때 옷장에 이미 가지고 있는 옷을 일일이 염두에 둬가며 아이템을 고르지는 않는다. 그냥 쇼핑을 하러 가서 마음에 드는 옷이 있으면 산다. 아니면 필요한 아이템이 있기 때문에 그 아이템을 사야겠다는 생각'만' 가지고 그 아이템을 구입한다. 이렇게 대부분의 쇼핑은, 예를 들어 큰 운동장을 모두 활용해서 운동을 할 수 있다고 치면 구석에 가서 줄넘기만 하고 있는 꼴로 진행된다. 그렇다면 가지고 있는 운동장을 어떻게 활용할 것인가?

첫째, 집에 가지고 있는 옷 중에 평소 잘 입는 옷과 활용할 만한 옷들을 머릿속에 정리해놓아야 한다. 카디건을 산다고 생각해보자. 빨간색 롱 카디건으로 짜임이 굵은 스타일은 청바지에 매치하기 좋을 것이고 볼레로 스타일의 금색 카디건은 검은색 원피스에 포인트로 안성맞춤이다. 하지만 두 가지 모두 선택할 수는 없다. 양자택일의 순간, 머릿속에서는 집에 있는 옷들이 파노라마처럼 지나가야 한다. 그래야 어떤 아이템이 집에 있는 옷과 잘 매치될지 판단할 수 있다. 실제로 상상 속의 스타일링이 현실과 싱크로율 100퍼센트가 될 때 쇼핑의 성공률은 현저히 높아진다.

둘째, 아이템을 입고 어디에 어떻게 활용할지를 상상한다. 실질적으로 아이템을 구매하는 일은 내가 그 아이템을 입고 어떤 모습일지 상상이 잘 되었을 때 이루어진다. 소개팅을 앞두고 스커트를 고르는 상황일 때, 혹시나 계단에서 불편할 디자인이라든가 조금 야해 보이는 디자인이라면 선택하지 않을 것이다. 그래서 구매는 아이템 한 가지만으로 이루어지는 단순한 시스템이 아니라 '아이템'과 '그 아이템을 입은 나', '특정 상황' 이 세 가지 구도가 자연스레 연결될 때 만족스러워지는 연계적 상상이 꽤 필요한 작업이다. 그렇다고 매장에서 상상하느라 허공을 보며 넋 놓고 서 있어선 안 된다.

셋째, 옷의 수명을 상상하라. 사랑할 때 이별을 생각하는 사람이 어디 있겠는가마는 옷을 사는 것과 동시에 그 옷과의 이별을 생각하지 않고서는 구매에 위험이 따른다. 옷의 품질은 어느 정도인지, 트렌드는 얼마나 반영하고 있는지, 3년이 지나 내 얼굴에 주름살이 하나 더 생겨도 커버할 수 있는 아이템인지 총체적 감가상각비(원가계산의 경비 또는 간접비)를 상상해야 한다.

이렇게 따지다 보면 한 철만 입는 아이템의 수도 줄고 최소 2~3년은 버텨줄 아이템으로 옷장이 채워진다. 구매의 순환 주기가 늘어난 만큼 옷에 대한 여유가 생길 수 있다. 수명이 다할 즈음 그동안 동고동락했던 일들이 떠올라 슬픔과 아쉬움이 아지랑이처럼 피어오르더라도 새 출발을 하기에 무리 없을 거라고 본다. 후회 없이 사랑했다면 아쉬움 없이 헤어질 수 있듯이 말이다.

하나의 아이템을 구매하는 데 이처럼 많은 상상력이 필요할 줄이야. 뭐든 쉬운 것은 없다고 했다. 그동안 이런 과정을 생략하고 구매해왔기 때문에 사 모은 아이템이 옷장을 꽉꽉 메워도 입을 옷이 없다고 울부짖지 않았던가. 이 정도 수고는 해줘야 매장에서 입었을 때와 집에서 입었을 때의 마음가짐이 '지킬 박사와 하이드'처럼 돌변하지 않는다. 혹은 구매를 부추긴 매장 직원에 대한 배신감과 복수심으로 활활 타오르며 카드값에 눈물 흘리지 않는다.

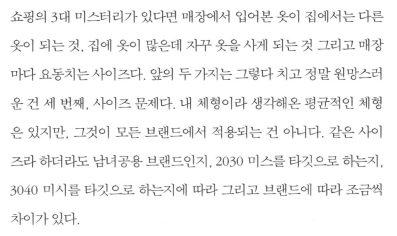

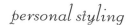

personal styling

사이즈보다
중요한 핏

쇼핑의 3대 미스터리가 있다면 매장에서 입어본 옷이 집에서는 다른 옷이 되는 것, 집에 옷이 많은데 자꾸 옷을 사게 되는 것 그리고 매장마다 요동치는 사이즈다. 앞의 두 가지는 그렇다 치고 정말 원망스러운 건 세 번째, 사이즈 문제다. 내 체형이라 생각해온 평균적인 체형은 있지만, 그것이 모든 브랜드에서 적용되는 건 아니다. 같은 사이즈라 하더라도 남녀공용 브랜드인지, 2030 미스를 타깃으로 하는지, 3040 미시를 타깃으로 하는지에 따라 그리고 브랜드에 따라 조금씩 차이가 있다.

의뢰인들과 청바지를 사러 가면 대부분 허리 사이즈를 한 치수 크게 알고 있는 경우가 많다. 청바지는 입다 보면 조금 늘어나기도 하거니와 여성의 각선미를 드러내기 위한 최고의 아이템이기도 하기에 붙게 입는 것이 정석이다. 물론 '붙게 입는 것'의 정의는 불편하지 않고, 앉았을 때 피가 통해야 한다는 것이다. 청바지의 레깅스화가 아니라 바지처럼은 보여야 하는 것이 핏의 기본이다.

그런데 이 부분을 간과하고 단지 부담스럽다는 이유로 한 치수 크게 입다 보면 본인의 핏도 제대로 살릴 수 없다. 또한 입을수록 조금씩 늘어나는 진의 특성 때문에 결국 '각선미를 드러내는 최고의 아이템'이 아니라 '각선의 존재 여부만 알리는 파란색 바지'로 전락하고 만다.

다이어트를 하다 보면 체중계의 무게에만 온 신경이 쏠려 제대로 된 운동이 아닌 체중 줄이기에만 급급한 사람을 쉽게 볼 수 있다. 이건 마치 사이즈에 얽매여 나에게 어울리는 옷을 제대로 보지 못하는 것과 같다. 제대로 된 운동은 근력 생성에 도움이 되는 무산소 운동과 지방을 태우는 유산소 운동의 적절한 조화로 이루어진다. 제대로 된 사이즈 역시 아이템에 적힌 숫자가 아니라 내가 입어봤을 때 최적의 핏을 선물하는 아이템에 적힌 사이즈다. 그래서 내 사이즈가 때로는 55가 될 수도 있고, 66이 될 수도 있는 것이다. 바지 역시 28이 될 수도, 29가 될 수도, 어쩌면 30이 될 수도 있다.

나를 빛내주는 옷을 입었을 때 사람들은 결코 그 옷의 사이즈에 대해 물어보지 않는다. "이 옷 어디에서 샀어?"라는 물음으로 "이 옷 너한테 꽤 잘 어울린다"라는 칭찬을 대신한다. 그러한 물음은 내가 어떤 사이즈를 입든, 사이즈는 단지 나에게 맞는 옷의 크기를 판단하기 위한 하나의 기준일 뿐이라는 걸 보여준다. 작으면 한 치수 큰 것을 입어야 할 것이고, 크다면 한 치수 작은 것을 입어야 한다.

본인이 55사이즈라고 해서 모든 브랜드에서 55사이즈일 거라 생각한다면, 사이즈라는 프레임에 갇혀 체형을 제대로 보지 못하는 셈이다. 그러므로 항상 66을 입었다가 어떤 브랜드에서 55가 맞았다고 해서 우쭐할 필요도 없고 55를 입다가 다른 브랜드에서 66이 맞는다고 해서 우울해할 필요도 없다. 브랜드마다 조금씩 차이가 나는 고무줄 같은 사이즈에 대해 그저 열린 마음으로 받아들이면 된다.

personal styling

엄마와의
쇼핑에서 독립하라

백화점에서 쇼핑을 하는 커플들의 조합을 보면 몇 가지로 정리된다. 남녀, 친구, 자매, 그리고 모녀! 그중에서 단연 비중이 많은 커플은 친구와 모녀 커플이다. 우리나라는 유독 엄마와 딸의 관계가 돈독하다. 엄마는 딸이 조금 더 예뻐 보였으면 하는 바람에서 엄마가 가진 스타일적 센스를 발휘해 딸의 스타일을 책임진다. 딸 역시 그런 엄마의 기대에 부응하기 위해 자신의 스타일적 기준을 만들기도 전에 엄마의 기준에 물들어간다.

모녀간의 쇼핑은 쇼핑이라는 단순한 행위가 아니라 같이 목욕탕을 가는 것만큼이나 서로의 유대관계를 확인하는 수단이다. 엄마는 딸에게 어울리는 스타일을 잘 알고 있다는 엄마로서의 존재감을 확인하고, 딸은 엄마가 권해주는 옷이 마치 정말 잘 어울리는 옷인 것처럼 자기 최면에 빠진다. 그러고는 '엄마가 봐줘야 쇼핑에 후회가 없다'는 만족스러운 결론을 낸다.

　모녀간의 쇼핑은 떼려야 뗄 수 없는 혈연의 정이라는 점에서 추천할 만하나 이것이 과연 알맞은 스타일을 낼 수 있는 조합인지 회의도 들곤 한다. 옷장 코칭을 하다 보면 나이에 비해 조금은 올드한 패션을 추구하는 의뢰인을 만날 때도 있다. 그 아이템의 최초 선택자이자 구매 권유자는 바로 엄마라는 점에서 공통점이 있다. 레트로한 디자인의 알록달록 꽃무늬로 뒤덮인 재킷을 입고 나온 의뢰인도 있었는데, 웬만큼 감각적인 사람이 스타일링하기에도 무리가 있다. 더군다나 학교 선생님인 서른 살의 그녀가 소화하기에 버거워 보였다. 엄마가 어울린다며 사준 그 옷 탓에 그녀는 다섯 살은 더 많아 보였다.

　엄마와의 쇼핑에서 또 하나의 딜레마는 최소한 스물다섯 살의 나이 차를 극복하고 엄마와 딸이 옷을 같이 입게 되는 상황이 벌어진다는 것이다. 보통 트렌치코트나 겨울 아우터의 경우 엄마와 딸이 같이 입을 수도 있지만 아무리 나이와 세대를 거스르는 아이템이라 하더라도 딸의 이미지와 체형 그리고 취향까지 엄마와 비슷하다고 보기는 힘들다. 그렇기에 아이템을 공유할 경우 어느 정도 서로의 퍼스널 스타일은 포기하고 엄마가 입기에도 무난하고 딸이 입기에도 무난한, 그저 무난하기만 한 아이템을 공유하게 된다. 그렇다고 딸에게 어울리는 옷을 구매하자니 엄마가 입기에는 갑자기 세월을 되돌려 옷만 회춘한 느낌이 날 테고, 엄마에게 맞춘 옷이라면 딸이 그 옷을 입고 나갈 경우 실제보다 훨씬 나이가 들어 보일 것을 각오해야 한다. 엄마와 함께 입을 수 있는 옷이라는 판단하에 구매하면 순간 일석이조 아니냐고 착각할 수 있지만 이는 더 큰 비효율을 낳는다.

우리 집 역시 언니와 엄마가 옷을 같이 입는다는 명목으로 공유하는 아이템이 몇 가지 있다. 그렇지만 그건 그냥 같이 입는 옷일 뿐, 엄마가 입든 언니가 입든 누구의 스타일도 돋보이게 하지 않는 그저 그런 아이템으로 옷장을 차지하고 있다.

모녀만의 쇼핑은 분명 서로에게 즐거움을 준다. 하지만 쇼핑 이외에도 시간을 같이 보낼 수 있는 순간은 많다. 딸이 어느 정도 자라면 모녀가 아닌 인간 대 인간, 여성과 여성으로 서로를 바라보며 스타일적 자유를 줘보는 건 어떨까?

personal styling

실패를 줄이는
쇼핑방법

가까이하기에는 통장이 바닥을 보일까 무섭고, 멀리하기에는 스트레스로 찌든 내 삶에 한 줄기 활력소를 찾을 길이 없게 하는 신이 있다. 바로 지름신이다. 지름신과 우호동맹을 맺어 적절한 시기에 부름을 받아 지갑을 연다면 그건 상당히 유쾌한 일일 것이다. 그렇지만 동맹이 결렬되어 수시로 찾아드는 지름신과의 접전에서 패배로 물든 통장 잔고를 보고 있노라면 자괴감에 머리를 쥐어뜯고 싶은 심정이 된다. 무슨 수를 써서라도 우리는 지름신을 막아야 한다.

지름신을 부르게 되는 첫 번째 이유는 구매하고자 하는 아이템을 입었거나 착용했을 때(혹은 상상했을 때) 더 멋진 나의 모습을 발견하여 첫눈에 사로잡힌 경우다. 순간적으로 동화 속 공주님이 된 것 같은 황홀함을 느꼈을 수도 있지만 아이템을 구매하기 위해서는 그것

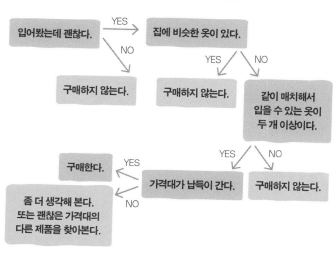

쇼핑을 하다 마음에 드는 옷을 봤을 때

만이 전부가 아니다. 거울 속 내가 아무리 멋지다고 한들 그 옷을 입고 혹은 그 아이템을 착용하고 갈 데가 없다면 그야말로 '구매한 물건'을 모독하는 행위이며 지름신을 기만하는 행위다.

그래서 현명한 쇼핑의 첫 번째 방법은 '누가(누구와), 언제, 어디서, 무엇을, 어떻게, 왜'라는 육하원칙에 따라서 옷의 활용도가 구체적으로 드러났을 때 구매를 하는 것이다. 쇼핑은 마음에 드는 옷을 사는 소비의 쾌락과 그 옷을 입을 나의 미의식에 대한 기대가 합세해 일으키는 도파민과 세로토닌의 결정체다. 실제로 쇼핑할 때 '흥분전달 물질'인 도파민과 세로토닌이 분비되어 행복감을 느낀다고 한다.

이런 감성적 결정체에 대고 육하원칙을 읊조리다 보면 쇼핑의 흥분도가 급격히 떨어져 지름신이 힘을 잃을 것이다.

두 번째는 매장 직원의 립서비스에 속지 않는 것이다. 립서비스는 지름신의 아주 강력한 오른팔이다. 그리고 매장 직원이라는 전문성까지 겸비해 사람들의 의심을 제로로 만들어버리는 강력한 힘까지 가졌다. 옷장 코칭을 진행하다 보면 산 지 얼마 되지 않은 비싼 옷을 놓고 어떻게 입어야 할지 모르겠다며 문의를 하는 분들이 있다. 스타일이 의뢰인과 잘 어울릴 경우에는 조언을 해줄 수 있지만 핏, 컬러, 디자인 어떤 것 하나도 의뢰인과 맞는 것이 없다면 참 난감해진다. 하지만 그때야말로 솔직해질 시간이다. 단골로 가는 매장 직원이 추천해서 구매한 제품이라고 하는데, 어떤 부분이 어울려서 추천한 것인지 알기 힘든 제품일 때는 그저 '이 아이템은 어떤 것에 매치해도 예쁘게 입기 힘들다'라고 말할 수밖에 없다. 혹시나 하고 기대하며 내 입을 쳐다보던 의뢰인들은 종종 한숨을 푹 내쉬곤 한다.

물론 다 그런 건 아니지만 종종 '판매'를 목적으로 립서비스를 감행하는 매장 직원들을 마주칠 때가 있다. 이때 직원의 말이 진심인지 판매용 립서비스인지 확인하기 어렵다면 '조금 더 둘러보고 오겠다'고 한마디 해보자. '다른 곳에 가봐도 이만큼 잘 어울리는 거 찾기는 힘들 거다'라고 못 박는 말이 돌아온다면 100퍼센트 립서비스다.

세 번째는 지름신과 접촉이 가능한 '지름을 부르는 곳'에 얼씬하지 않는 것이다. 백화점은 세상에는 존재하지 않을 것 같은 체형의 마네킹에 다음 시즌에 선보일 각양각색의 옷을 디스플레이해 소비자를 유혹한다. 정신을 차려보면 나도 모르게 그 매장에 들어서고 있다.

어쩌면 여성들에게는 쇼핑 주파수라는 것이 따로 있어서 마음에 드는 옷을 발견했을 때 주파수가 공명하여 매장에 빨려 들어가는 건 아닐까 하는 생각이 든다. 일단 보게 되면 입어나 볼까 하는 생각이 들기 마련이다. 입었을 때 '별로'라면 큰 문제가 없지만 생각보다 훌륭하다면 칼자루는 자연스레 지름신의 손으로 넘어간다. 예상에 없던 지출을 하기에는 미래가 두렵긴 하지만 그렇다고 너무나도 훌륭한, 내게 피하지방이 없다면 이 옷으로 대신해도 괜찮을 만큼의 옷을 배신하기엔 한겨울 한 시간 넘게 버스를 기다린 것처럼 가슴이 시릴 것 같다.

그럼 다시 첫 장면으로 넘어가 보자. 내가 백화점 안으로 왜 들어왔을까? 이 아이템을 발견하지 않았다면 세상은 그렇게 혹독해 보이지 않았을 것이다. 하지만 여기에서 명심할 것이 있다. 진정한 혹독함은 아이템을 발견하는 순간 사도 고민, 안 사도 고민의 딜레마에 빠지는 것이 아니다. 그 아이템을 샀을 때 순간의 우월한 미의식과 거래되는 노동의 대가라는 점이다.

네 번째는 지름으로 배출되는 숨겨진 결핍의 해소다.《의외의 선택, 뜻밖의 심리학》에서 인상 깊게 읽은 이야기를 잠시 인용해보자.

"결국 쇼핑 중독은 성性문제가 아니다. 사람이 처한 환경에 따라서 쇼핑은 자아를 지키기 위한 마지막 행위가 된다. 그것은 소비와 쇼핑의 자아심리학적 기능이다. 즉 쇼핑과 소비는 존재 자체를 유지하기 위한 마지막 탈출구다. 대형 유통점에서 쇼핑을 즐기는 사람 중에 독신자, 노인 등 이른바 혼자 사는 사람들이 많다는 것은 많이 알려진 사실이다. 소외감, 고독감, 우울증, 상실감, 자신감 결여, 애정 결핍 등을 쇼핑 중독 원인으로 보는데 무엇보다 마음이 허전하기 때문이다. 그 허전함을 따뜻하게 채워줄 대상이 필요한 것이다. 그러나 우리가 볼 수 있는 것은 미디어의 세계다. 미디어의 상품들은 그 허전함을 채워줄 수 있다고 광고한다. 그러나 막상 그 물건을 사보면 그 물건이 허한 마음을 채워주지 못한다. 번번이 기대가 벗어난다고 해도 언제나 가능성과 희망에 자신을 걸 수밖에 없는 외로운 인간의 숙명이다."

지름신과 베스트 프랜드가 되는 것이 인생의 숙명이자 과제인 것처럼 쇼핑을 좀처럼 자제하지 못하는 사람들을 보면, 문제는 쇼핑에 있기보다 다른 곳에서 오는 결핍을 쇼핑으로 풀려고 한다는 걸 느낀다. 영화 〈쇼퍼홀릭〉의 레베카는 명품 쇼핑으로 2천만 원의 빚을 지고서도 쇼핑의 유혹에서 벗어나지 못한다. 결국 편집장 루크와 사랑에 빠지게 되고 그동안 사 모은 명품을 중고로 판매하여 빚도 갚고

notes 7 | 쇼핑 후회 줄이는 방법

1. 기억하기!
옷장 안에 어떤 옷이 있는지 알고 있어야 한다.

2. 입어보기!
눈으로만 보는 것과 직접 입어보는 것은 엄청나게 다르다.

3. 휘둘리지 않기!
주변 사람들이 괜찮다고 해도 스스로 확신이 없다면 구매하지 말 것.

사랑도 지키는 것으로 영화는 끝을 맺는다.

레베카는 몰랐겠지만 카드를 긁을 때마다 정작 사 모은 것은 명품이 아닌 사랑 대체재, 즉 시린 옆구리를 따뜻하게 해줄 그 무언가가 아니었을까 짐작해본다. 이 영화의 엔딩이 특히 인상 깊은데 마네킹이 쇼핑하라며 그녀를 유혹하지만 과감히 뿌리치고 걸어갈 때 쇼윈도의 마네킹들이 일어나 일제히 박수를 보낸다. 우리 역시 어떤 결핍의 해소를 위한 쇼핑이 아니라 주도적 필요에 의한 쇼핑일 때 박수를 받을 수 있다는 점을 꼭 기억하자.

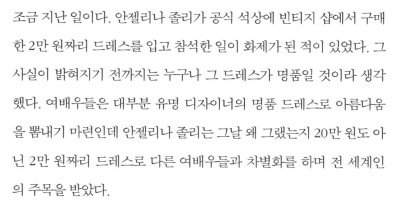

personal styling

명품보다
중요한 것

조금 지난 일이다. 안젤리나 졸리가 공식 석상에 빈티지 샵에서 구매한 2만 원짜리 드레스를 입고 참석한 일이 화제가 된 적이 있었다. 그 사실이 밝혀지기 전까지는 누구나 그 드레스가 명품일 것이라 생각했다. 여배우들은 대부분 유명 디자이너의 명품 드레스로 아름다움을 뽐내기 마련인데 안젤리나 졸리는 그날 왜 그랬는지 20만 원도 아닌 2만 원짜리 드레스로 다른 여배우들과 차별화를 하며 전 세계인의 주목을 받았다.

이효리 역시 연예인들이 착용하는 브랜드에 비해 상당히 저렴한 SPA 브랜드의 아이템을 착용함으로써 이슈가 된 적이 있다. 그녀가 갖고 나온 아이템이 모두 명품인 줄 알았는데 10만 원도 안 되는(물론 안젤리나 졸리에 비하면 그렇게 파격적이진 않으나) 아이템이란 것을 안 순간, 있어 보이는 스타일링이 꼭 명품을 들었다고 가능한 것은 아님이 증명되었다. 물론 이효리 정도의 당당한 태도이기에 그런 착시 효과를 누릴 수 있다고 말하는 사람도 있을 것이다. 하지만 그런 태도가 이효리만의 전유물은 아니지 않은가? 누구나 스스로에게 당당할 권리는 가지고 있다. 당신도, 나도 말이다.

명품을 든다는 것이 나쁘다는 얘기를 하고자 하는 것은 아니다. 명품 하나를 드는 것보다 나에게 맞는 조화로운 룩이 나를 훨씬 더 빛나게 해준다는 이야기를 하고 싶은 것이다. 하지만 많은 사람이 조화로운 룩의 아리송함보다는 명품 하나를 들었을 때 '앗, 저거 명품이네!'라는 인식을 심어줄 수 있는 스타일링을 더 선호하는 듯하다. 이유는 전자는 어렵고 주관적이지만 후자는 명쾌하고 객관적이기 때문일 것이다.

스타일이란 결국 명품 하나에 의존하는 것이 아니라 여러 아이템이 모여 총체적인 균형을 이룰 때 나오는 멋스러움이다. 명품 하나로는 내 스타일을 표현하기에 갈증이 난다. 목이 타서 물을 마셔야 하는데 마시는 것이 물이 아니라 탄산이다. 그래서 또 다른 명품을 구매하게 되지만 목마름의 원인은 거기에 있지 않기에 튀는 레코드판처럼 엉뚱한 구매가 반복된다.

의뢰인과 스타일 코칭을 할 때 백화점도 가고 아울렛도 간다. 그 시즌에 맞고 트렌디한 옷은 백화점에 더 많은 게 사실이다. 하지만 그렇다고 해서 백화점에 있는 옷들이 누구에게나 어울리는 것은 아니다. 얼마 전에도 오래 입을 수 있고 예쁜 남성용 겨울 코트를 사기 위해 백화점을 돌아보았지만 원하는 디자인을 찾지 못했다. 약간의 캐주얼함이 가미된 코트가 필요했는데 지나치게 정장 느낌이라 구입하지 못했다. 그러다가 아울렛에서 딱 맞는 코트를 발견했다.

저렴하면서도 의뢰인과 잘 어울리는 옷은 금상첨화다. 당연히 품질도 기본은 되어야 한다. 그래서 스타일에서 사람이 주가 되어야지, 옷이나 가방이 주가 되어서는 안 된다. 몸에 걸치는 모든 아이템은 엄연히 사람을 빛나게 하기 위해 존재한다. 그리고 그런 본연의 가치를 발휘할 때 아이템 자체의 존재도 인정받는 것이다. 사람은 누구나 빛날 수 있는 존재다. 다만 어떻게 빛나야 하는지를 모를 뿐이다. 스타일을 통해 빛나고 싶다면 내가 어떤 옷을 입을 때 발걸음이 가벼워지고 어깨가 쫙 펴지는지를 곰곰이 생각해보자. 스타일에 자신이 없는 것은 비싼 옷이나 명품을 들지 않아서가 아니라 내가 어떤 옷을 입었을 때 빛나는지를 모르기 때문이란 것을 곧 깨닫게 될 테니까 말이다.

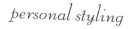

personal styling

고수는 사치하지 않고
가치를 따진다

자주 입는 혹은 자주 착용하는 아이템들의 사용연수를 따져보자. 5년 이상 된 것이 반이 넘는다면 고수, 3년 이상 된 것이 반이 넘는다면 중수, 1년 정도 입은 것이 절반 이상이라면 하수다. 하지만 여기에 붙는 또 하나의 조건이 있는데 아이템의 가격이다. 사람은 생활력에 따라 혹은 가치에 따라 자신이 소비할 수 있는 물건의 가격 한계점을 지정해놓는다. 그리고 자신의 생활력 이상의 소비를 하면 그것을 사치라고 본다.

부자가 아니어서 300만 원 혹은 3,000만 원짜리 가방을 사지 못하니 머리를 굴려가며 소비를 해야 하는 걸까? 아니다. '어떤 아이템을 사야 내 삶이 더 충만해질까?' 하는 것이 더욱 근본적인 질문이다. 아무리 부자라 해도 3,000만 원짜리 가방을 사놓기만 하고 활용하지 못하면 그건 사치다. 가방을 애지중지하며 소장하는 사람도 있기는 하다. 하지만 보통 물건은 사용하라고 있는 것이며, 사용함으로써 나(물건을 산 주인)를 행복하게 해줄 때 가치가 빛나는 것이다. 그래서 훌륭한 소비에는 그만큼의 사고가 개입되어야 한다.

'이 아이템을 구매해서 어떻게 활용할 것인가?'

스타일 코칭을 할 때는 이 옷이 오래 입을 옷인가를 따져 가격의 합리성을 따진다. 만약 코트를 구매할 때 핸드메이드 소재라 초겨울에만 잠깐 입을 수 있다면 가격이 저렴하다고 해도 구매를 추천하지 않는다. 그 대신 겨우내 나를 찬바람으로부터 지켜줄 도톰하면서 잘 어울리는 스타일이라면 50만 원짜리 코트도 제안할 수 있다. 물론 이러한 아이템을 구매할 수 있는 경제력을 가진 사람에 한해 하는 말이다.

그렇다면 50만 원이 비싼 가격인가? 코트는 한 번 장만하면 3년에서 5년은 입을 수 있다. 어차피 겨울에 입어야 할 옷이라면 나에게 어울리는 조금 비싼 옷을 사서 오래 입는 것이 낫지 않을까? 괜히 어설프게 가격은 착한데 디자인은 아쉬운 아이템을 사는 것은 스타일 코치로서 원하지 않는다. 자주 살 것을 권하진 않아도 한 번에 제대로 된 아이템을 사는 것이 좋다. 그리고 그것이 생산되는 옷도, 판매되는 옷도, 버려지는 옷도 수만 벌인 지금 시대에 환경을 위해 할 수 있는 최선의 선택일 수 있다.

그래서 소비자는 더욱 고수가 되어야 한다. 아이템의 감가상각비를 계산하여 자신이 얼마나 이 아이템과 동고동락하며 이것에 부여된 수명 이상을 뽑아낼 것인지를 판단할 필요가 있다. 나에게는 벌써

10년 이상 사용하고 있는 시계가 있다. 20대 초반에 무리해서 산 것이긴 하지만 대학 시절과 직장 시절, 그리고 지금의 프리랜서 시절까지 함께하고 있으니 남자 친구였다면 결혼하고도 남을 아이템이다. 그래서 스타일 코칭을 할 때도 가격 이전에 의뢰인에게 잘 어울리는 아이템인가에 이어 얼마나 활용할 수 있는가, 얼마나 오래 입을 수 있는가를 심사숙고해 결정한다.

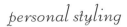

personal styling

쇼핑은
효율의 미학

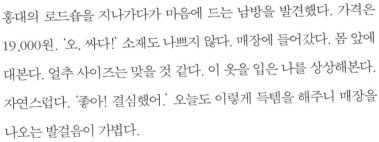

홍대의 로드숍을 지나가다가 마음에 드는 남방을 발견했다. 가격은 19,000원. '오, 싸다!' 소재도 나쁘지 않다. 매장에 들어갔다. 몸 앞에 대본다. 얼추 사이즈는 맞을 것 같다. 이 옷을 입은 나를 상상해본다. 자연스럽다. '좋아! 결심했어.' 오늘도 이렇게 득템을 해주니 매장을 나오는 발걸음이 가볍다.

소비의 정의는 돈과 시간, 노력 등을 써서 없애는 것이다. 쇼핑은 물건을 사는 행위를 말한다. 기존의 정의에는 단지 물건을 사는 것만이 쇼핑이라고 했지, '내게 필요한 물건'이라는 수식어가 붙지는 않았다. 필요한 물건이 아니라 방금 예로 든 것처럼 즉흥적으로 사는 물건이라 해도 돈을 썼다는 점에서 쇼핑이다. 그래서 쇼핑은 소비하는 것, 즉 조금은 쓸데없이 돈을 써대는 것이라는 인식이 강하다.

실제로 많은 사람이 필요 때문이 아니라 즉흥적으로 쇼핑을 한다. 쇼핑이 주는 두 가지 카타르시스 때문인데 하나는 '소비할 수 있다'는 소비자 입장에서의 우월감, 두 번째는 아이템을 획득했을 때 결과적으로 향유할 수 있는 기능에 대한 기대 때문이다. '소비할 수 있다'는 개념은 또 얼마나 비싼 아이템을 소비할 수 있느냐로 분류될 수 있는데 소비 금액에 따라 그 우월감의 강도는 점점 높아진다. 그래서 사람들은 남들이 보기에도 비싸 보이는 옷을 구매하려고 노력한다. 또 높은 금액의 옷을 구매했을 때 자신이 마치 그 옷을 구매하지 못하는(혹은 않는) 사람들보다 우위에 있다고 착각하게 된다.

　하지만 그 착각은 사람들에게 카타르시스를 주며 중독된 카타르시스를 바탕으로 점점 더 비싼 것을 소비하는 쇼핑 중독에 빠져들게 만든다. 그래서 쇼핑의 즐거움은 첫 번째 카타르시스에서 찾아서는 안 된다. 쇼핑은 즐거운 행위다. 나에게 필요한 아이템을 정하고 다양한 매장을 돌며 결국 최적의 아이템을 얻는 등 신중함이 포함된 즐거움이다. 신중함이 뒷받침되면 매장 직원이 아무리 입에 발린 소릴 해도 과감히 돌아설 수 있는 결단력이 생기며, 그런 과감함이 충동구매를 막고 우월감이 숨겨진 소비에서도 벗어날 수 있다.

　집에 안 입는 옷이 많다면 이런 소비적 우월감 때문에 혹은 순간적 충동으로 구매한 것이 아닌지 생각해보자. 소비는 소비자의 특권이며 특히 옷 쇼핑은 소비의 꽃이다. 하지만 현명한 소비자가 현명한 소비를 하듯이 쇼핑의 진정한 즐거움을 알지 못하고 소비만 하다 보면 쇼핑은 만개하지 못하고 시든 꽃으로 변해버려 옷 무더기만 남길 것이다.

19,000원짜리 옷을 입는다고 해서 내 가치가 19,000원으로 떨어지는 것은 결코 아니다. 그 아이템의 구매를 결정하는 순간, 이 옷을 얼마나 즐겁게 입을 것인가를 먼저 생각해보자. 그렇게 선택한 아이템은 가격과 상관없이 주변 사람들에게 기분 좋은 관심을 받기 마련이다. '나한테 어울리는' 스타일적 감성과 '가격 대비 괜찮은지'의 이성적 사고가 뒷받침된다면 쇼핑은 더는 소비가 아니다. 미학이 가미된 아름다운 활동이 된다.

personal styling

아이템, 어디서 어떻게

구매할까?

사회생활을 하는 데 갖춰야 할 아이템이 상당히 많은데, 이 모든 것을 백화점에서 퀄리티를 따져가며 구매하기란 누구에게도 쉬운 일이 아니다. 통장에 마이너스 한도를 꽉 채우고 싶지 않다면 오래 입을 것, 트렌디하게 입을 것, 기본 디자인의 아이템 등으로 분류하여 각각 강점이 있는 쇼핑 장소에서 구매하는 것이 좋다. 가죽이나 코트, 재킷 등의 전천후 아이템은 가격이 조금 나가더라도 백화점에서, 검은색이나 기본적인 실루엣, 청바지 등은 아울렛에서 구매할 것을 추천한다. 그리고 평소 캐주얼하면서 트렌디하게 입고 싶다면 SPA 브랜드의 독특함을 스타일에 가미하는 것이 실속파 멋쟁이들의 구매 요령이다. 돈 낭비 없이 스타일링에 성공하고 싶다면 쇼핑 장소도 따져보자.

구두 229,000원, 가을 재킷 430,000원, 청바지 210,000원, 카디건 89,000원.

　서른한 살의 내가 백화점에서 가을 아이템 몇 가지를 장만한다고 할 때 예상할 수 있는 비용이다. 100만 원에서 딱 5만 원 정도가 넘친다. 시즌별로 옷을 단벌로만 입는다 해도 1년이면 4백만 원이 들어간다. 하지만 평범한 직장인으로서 이런 비용을 체크카드로 팍팍 쓸 수 있는 통장을 가진 사람은 드물 것이다. 직장생활을 해본 사람은 알듯이 월급이 들어와 내 통장에 머무는 시간이 얼마나 짧은가. 적금, 저축, 보험 등으로 빠져 나가는 자동이체 서비스는 쓸데없이 신속, 정확하다. 어느새 통장에는 용돈 정도의 잔고만 남아 있게 된다. 그래서 2030 여성들이 결혼 전까지 품위 유지 비용이라 할 수 있는 옷값을 충당하기에 통장의 무게는 날이 갈수록 가벼워지고 카드값의 무게는 갈수록 무거워진다.

　그렇다 하더라도 신상품의 유혹은 강력하다. 아울렛보다 더욱 번지르르해 보이는 아이템의 빛깔과 고품격 레시피를 선사하는 셰프의 손길처럼 디스플레이된 마네킹의 손짓은 우리를 감탄사와 지름이 충만한 쇼핑의 길로 안내한다. 이상하게도 같은 브랜드의 옷도 백화점에 있으면 왠지 달라 보인다. 비싼 것은 사실이지만 확실히 비싸 보이는 태가 난다고나 할까?

　하지만 현명한 소비자는 매장의 위치부터 흘러나오는 음악까지 철저히 계산된 백화점의 함정에 빠지지 않는다. 백화점에서는 어떤 아이템을 사는 것이 자신의 스타일을 위해 이로운지 판단하고 주도적으로 이용한다.

시즌별로 필요한 두 개 정도의 아이템 ///////////////////////////////

코트나 재킷 등 시즌별로 필요한 아이템 중 하나는 기본 스타일로 사고, 하나는 좀 더 자신을 돋보이게 해줄 시그니처 아이템을 갖추는 게 좋다. 시그니처 아이템의 경우 아울렛은 한 시즌 건너 들어간 제품이므로 다양하지 않고 또 어울리는 스타일을 찾기에도 부족하다. 시그니처 아이템은 말 그대로 하나 제대로 장만해서 오래오래 입으면 된다.

신발, 가방, 시계 등의 잡화 ///////////////////////////////////

자주 애용하는 잡화에는 거금을 들여도 아깝지 않다. 신발, 가방, 시계 등이 이런 잡화에 해당한다. 어쩌다 한 번씩 신는 구두라면 굳이 백화점 브랜드를 고집하지 않아도 된다. 하지만 일주일에 3~4일 정도는 신는 구두라면 내 발이 입는 옷인 만큼 신경 써서 구매해야 한다. 그래야 A/S도 제대로 받을 수 있고, 시간이 지나도 그 나름의 멋이 우러난다.

10~20대 캐주얼 브랜드 ///////////////////////////////////////

원래 가격 자체가 높지 않기에 백화점이나 아울렛이나 가격 차이가 크지 않다. 그래서 아울렛에 가도 같은 아이템을 구비하고 있는 경우가 있으며 가격이 똑같기도 하다. 브랜드마다 조금씩 차이가 있지만 10대에서 20대 대학생까지 즐겨 입는 유니섹스 브랜드는 백화점에서 구매하는 것이 제대로 된 아이템을 고르기도 수월하고 다양한 선택이 가능하다. 그러니 조금은 가격 차이가 나더라도 백화점에서 구매하는 것이 낫다.

아울렛

스타일 코칭을 시작하면서 가산디지털단지역에 있는 아울렛 단지에 처음 가봤다. 처음 맛본 백화점 못지않은 아우라(물론 백화점과는 다르다)에 입이 딱 벌어졌음은 물론 집 근처에 있는 아울렛보다 훨씬 많고 다양한 아이템을 품고 있는 그 넉넉함에 반하고 말았다.

아울렛에는 시즌이 지나 판매되지 못한 재고상품들과 아울렛용으로 만들어진 제품이 같이 들어온다. 그래서 아이템이 많다 할지라도 백화점만큼의 고운 빛깔과 눈부신 신상의 유혹은 느낄 수 없다. 게다가 연중 30~70퍼센트 할인하는 것이 보통이기 때문에 아울렛용 제품으로 들어온 저품질의 아이템을 골라낼 수 있는 안목을 가지지 않았다면 아울렛 쇼핑이 즐겁지만은 않다. 그렇다 하더라도 아울렛은 쇼핑의 천국이며 백화점에 비해 지갑을 덜 열게 되니 말 그대로 죄책감 없이 소비할 수 있는 지름신의 놀이터다.

세미 정장 또는 비즈니스 캐주얼 ///////////////////////////////

요즘은 한 벌 정장으로 입는 사람도 별로 없다. 그렇게 입었을 때 자칫 유니폼으로 오해받을 소지도 있다. 센스가 조금 부족하다면 매장 직원의 추천을 받아 위아래 다른 디자인으로 세미 정장을 매치해서 입으면 좋다. 여성 정장 브랜드의 경우 가격대가 상상을 초월하므로 아울렛에 가서 구매한다고 해도 아이템별로 10만 원 정도는 예상해야 한다.

세미 정장은 자주 입는 옷은 아니지만 어느 정도 예의를 갖춘 상황에서 입는 옷인 만큼 품질을 무시할 수 없으므로 브랜드를 입어야 한다. 아울렛에서는 가격 거품은 빠졌으면서 품질은 백화점과 동급인 제품을 찾아볼 수 있으므로, 이런 제품은 아울렛에서 쇼핑하길 권한다.

청바지 //

백화점 빈폴진에서 청바지를 입어본 적이 있다. 가격은 25만 원 정도였다. 기억하건대 청바지를 입는 순간 다리 길이가 3센티미터 정도는 길어 보였으며(물론 청바지는 힐에 매치해 입는 아이템이므로 이런 마법 같은 효과는 당연하다) 허벅지도 1인치는 더 얇아 보였다. 스판 소재도 들어갔기 때문에 마치 집에서 파자마를 입고 돌아다니는 듯하여 25만 원이 아깝지 않았다(물론 구매 직전에 개인적 사정으로 구매하진 않았지만!).

하지만 이건 어쩌다 있는 정말 베스트 아이템을 찾았을 때다. 대부분은 청바지 자체에서 멋스러움을 찾기보다는 나의 체형과 다른 아이템을 돋보여주는 아이템으로 작용하는 경우가 많다. 그러므로 50퍼센트의 할인율을 자랑하는 아울렛에서 구매하는 것이 훨씬 효율적이다. 아울렛의 청바지 브랜드 역시 트렌드가 반영된 디자인의 청바지를 찾기는 쉽지 않다.

그렇다 하더라도 내 다리와 내 체형에 꼭 맞아 내 스타일을 더욱 돋보이게 만들어줄 청바지는 분명 존재한다. 4계절 모두 착용할 수 있는 청바지를 몇 개씩 구비해서 청바지 골라 입는 재미를 누릴 게 아니라면, 아울렛에서 두세 개 정도만 구매해 입어도 충분하다.

SPA 브랜드

우리나라에 들어와 있는 대표적인 SPA 브랜드로는 GAP(미국), ZARA(스페인), H&M(스웨덴), FOREVER21(미국), UNIQLO(일본) 등이 있다. 젊은 층에게 좀 더 대중적인 브랜드를 꼽자면 ZARA, H&M, UNIQLO 세 가지로 볼 수 있다. 보통 1, 2층 정도는 가볍게 아이템으로 채울 수 있는 다품종 대량의 시스템을 갖추고 있으므로 다리는 조금 아플지언정 오르락내리락하며 아이템을 고르는 재미가 있다.

H&M과 UNIQLO는 확실히 싼 가격이 맞지만 ZARA는 처음 들어왔을 때보다 30퍼센트는 비싸진 것 같다. 그래서 H&M과 UNIQLO라면 상의와 하의 각각의 가격이 5만 원을 넘지 않지만 ZARA는 5~10만 원 사이를 유지한다.

SPA 브랜드는 다양한 제품이 많고 또 트렌드에 맞게 제품의 순환 주기가 빠르다는 장점이 있다. 그렇지만 그만큼 싼 가격에 싼 제품이 모여 있다는 한계도 있다. H&M에서 여름 민소매 두 벌을 산 적이 있었다. 디자인이 독특하고 3만 원이 채 되지 않는 가격에 유러피안 기분을 내주겠다며 산 것인데 기대감은 그때뿐이었다. 세탁기에 몇번 돌렸더니 목이 마구 늘어나 도저히 깔끔하게 입을 상황이 아니었다.

그렇다면 SPA 브랜드가 가진 장점을 활용하고 단점을 극복하는 아이템 선택법은 무엇일까?

시즌의 트렌디한 아이템 //

SPA 브랜드는 저렴하고 빠른 순환이 존재 이유이므로 그 존재감을 100퍼센트 활용하면 된다. 이미 품질이 어느 정도 뒷받침되는 기본 아이템은 백화점과 아울렛에서 구매를 끝낸 뒤이기 때문에 기본 아이템에 활력을 더해줄 트렌디한 아이템을 사면 좋다. 이때 주의할 점은 품질을 너무 따져서는 안 되며 그중에서도 덜 저렴해 보이는 아이템을 눈썰미 있게 찾아내야 한다는 것이다. SPA 브랜드는 기본적인 아이템은 물론 우리나라 브랜드에서는 찾아보기 힘든 독특한 아이템을 동시다발적으로 생산해낸다. 그러니 독특한 아이템을 시도해보고 싶다면 가까운 SPA 브랜드로 달려가 보도록!

베이직한 아이템 //

티셔츠, 캐주얼 셔츠, 검은색 재킷, 청바지 등 기본적으로 평범하게 입을 수 있는 아이템은 그럭저럭 활용할 만하다. 캐주얼 아이템의 경우 품질이 조금 떨어져도 어차피 그 옷을 입고 중요한 자리에 나갈 것이 아니라 일상에서 편하게 입을 것이므로 그 정도는 봐줄 만하다.

절대적으로 부수적인 디자인이 없는 심플한 아이템이어야 한다. 왜냐하면 부수적인 디자인이 들어갈 경우 부자재 역시 저가 제품을 사용하므로 저렴함이 더 강조된다. 될 수 있으면 그런 부분을 최소화한 아이템을 선택하는 것이 좋다. 브랜드 아이템과 비교해 특별해 보일 것이라는 생각을 해서는 안 된다. SPA 브랜드의 옷을 입고 뭔가 특별하길 바라는 것 자체가 과욕이다.

notes 8 │ 쇼핑장소 분석

백화점

브랜드가 입점되어 있어서 웬만한 퀄리티가 보장된다. 백화점 수수료 등 때문에 품질에 비해 비싼 느낌이 들지만, 그럼에도 시즌 트렌드를 반영한 제품을 앞서 판매하므로 다양하고 예쁜 아이템이 많다.

아울렛

아울렛에 들어오는 제품은 아울렛용으로 만들어지는 제품과 백화점에서 팔다가 이월된 상품 등으로 나뉜다. 아울렛용으로 만들어진 제품은 다소 저렴한 느낌이 있지만 그래도 '브랜드' 위주로 판매하므로 백화점보다 저렴한 가격에 품질 좋은 제품을 구매할 수 있다. 단, 백화점에 비해 디자인의 종류가 많지 않고 트렌드 반영은 적다.

SPA
브랜드

제작과 유통을 겸하는 구조를 말한다. 그래서 제품 순환이 빠르고 트렌드에 민감하게 대응할 수 있다. 거의 일주일 단위로 제품이 순환되며 값싸고 다양한 제품을 많이 만들어서 이익을 내는 데 초점이 있으므로 퀄리티는 상당히 떨어진다. 저렴한 가격에 한 시즌 입고 버리는 용으로 입을 것을 추천하지만 환경 문제를 가중시키는 구조라 생각한다.

백화점

코트나 재킷 등 시즌별로 필요한 아이템 두 개 정도: 기본 스타일은 아울렛에서, 트렌디한 스타일은 백화점에서 구입한다.
신발, 가방, 시계 등의 잡화: 오래 사용할 수 있는 가죽 제품이 좋으며, 아울렛과 가격 차이가 별로 나지 않는 10~20대 캐주얼 의류도 백화점에서 구입할 것을 추천한다.

아울렛

세미 정장 또는 비즈니스 캐주얼: 기본적인 스타일에서 크게 벗어나지 않는 정장이나 재킷, 트렌치코트 등은 아울렛에도 좋은 것이 많다.
청바지: 백화점에서 파는 가격의 50퍼센트 정도로 브랜드 진을 구매할 수 있다. 청바지는 라인이 다르므로 브랜드 진을 추천한다.

SPA 브랜드

시즌의 트렌디한 아이템: 빠른 순환 구조라 가장 빨리 트렌드를 반영한다. 더군다나 외국 브랜드들이 많아 유러피안 느낌을 낼 수 있다.
베이직한 아이템: 부자재가 많이 들어갈수록 더 싸 보인다. 심플한 기본 아이템은 그나마 괜찮다.

스타일
코치 톡

온라인 쇼핑에서 실패하지 않는 법

언제부턴가 쇼핑의 대세가 되어버린 인터넷 쇼핑몰. 가격도 저렴하고 집에서 결제만 하면 문앞까지 가져다주므로 편리한 것도 이루 말할 수 없다. 하지만 그건 어디까지나 옷을 입었을 경우 원하는 핏이나 디자인이 나왔을 때 얘기다. 만약 그렇지 않을 때는 반품이나 환불 절차가 너무나 번거로워 그냥 입을까 말까를 고민하게 된다.

포토샵에서 정교하게 다듬어진 사진과 실제 제품의 차이를 알기까지는 어느 정도 교환과 반품을 통한 시련 과정을 거쳐야 한다. 그래도 몇 가지만 염두에 두면 실수를 줄일 수 있다. 온라인 쇼핑에서 실패하지 않는 노하우를 살펴보자.

● 자기 스타일 바로 알기

제일 중요한 것은 자기 스타일을 바로 아는 것이다. 쇼핑몰을 여러 군데 돌아다니다 보면 그냥 저렴한 옷이나 요즘 유행하는 옷들을 많이 파는 쇼핑몰 외에 그 쇼핑몰만의 컨셉을 느낄 수 있는 곳이 꽤 있다. 그 컨셉이 자신의 취향과 가장 비슷한 곳에서 구매하면 성공할 확률이 높다. 아마 인터넷 쇼핑을 많이 하는 사람이라면 자신이 좋아하는 쇼핑몰 한두 개쯤은 알고 있을 것이다. 바로 그 쇼핑몰이 자신의 스타일과 맞는 곳이다.

● 모델과 나의 차이 바로 알기

두 번째는 모델과 나의 차이를 제대로 아는 것이다. 이 말만 들으면 은근히 기분 나쁠 수 있지만 기분 푸시라. 모델은 모델일 뿐, 우리가 모델이 아닌 건 당연한 거 아닌가. 그래서 보통 비주얼 측면에서 많은 부분을 차지하는 얼굴과 의상이 오버랩되면서 객관적인 판단을 흐리는 것이다.

그 오류를 피하는 방법은 얼굴을 가리고 보는 것이다. 이때는 상상력이 필요하다. 모델들의 비주얼로 전체적인 느낌을 포장하려 할 때 얼굴을 가리거나 내 얼굴을 대입해 봄으로써 내가 옷 입은 느낌을 느껴보자. 그러면 조금 더 객관적으로 판단할 수 있음과 동시에 비주얼에 반해 넋 놓고 있다가 어느 순간 결제 버튼을 누르고 있는 자신을 발견하지는 않을 것이다.

얼굴만이 아니라 몸매도 고려해야 한다. 물론 쇼핑몰 모델들의 몸매는 하나같이 날씬하다. 하지만 알다시피 무조건 날씬하다고 해서 좋은 게 아니다. 적당한 볼륨감을 동반한 날씬함이 핏을 살리는 데 훨씬 좋다. 그러므로 정말 날씬하기만 한 모델인지, 볼륨감 있는 모델인지, 또 키는 어느 정도인지 정확히 파악해야 한다. 모델의 몸매가 자신의 몸매와 가장 비슷할 때 자신이 입었을 때 어떤 모습일지를 예상하기 쉽고 그러면 잘못 구매할 확률도 줄어든다. 어깨, 가슴, 허리, 힙, 허벅지, 종아리 등 모델이 입었을 때는 저런 핏이 나오는데 내가 입었을 때는 어떤 핏이 나오겠구나 하는 식으로 비교할 수 있다.

● 옷 자체 질감과 디테일 판단하기

가장 중요한 것이 제품 자체에 대한 사진이다. 모델이 입은 핏도 자신이 입었을 때와 비교하려면 중요한 사진이지만 디테일과 질감 등을 따져보려면 제품 사진을 꼼꼼히 봐야 한다. 끝단 처리가 잘 안 된 티가 있다고 할 때, 그것이 컨셉이자 디자인일 수 있지만 어설픈 끝단은 자칫 엄청나게 저렴해 보이거나 내복 같은 이미지를 줄 수도 있다. 착용 컷의 경우 옷의 부족한 부분을 일부러 가리기도 하므로 제품 자체 컷을 참고하는 것이 좋다. 예를 들어 나일론 소재의 옷은 질감 자체가 저렴해 보이기 때문에 어떤 스타일의 옷을 만들어도 그 한계를 벗어나기 힘들다.

● 개성으로 무장한 옷에 현혹되지 않기

어떤 사람의 눈에는 예뻐 보일 수 있다. 과감한 프린트가 강한 개성을 드러낼 수도 있고 플라워로 봄 느낌을 낼 수도 있다고 생각하겠지만, 이 말 한마디면 모든 것이 정리된다고 본다.

"사람이 옷을 입어야지, 옷이 사람을 입어선 안 된다."

예전에 〈글램 갓: TOP 스타일리스트〉의 한 참가자가 한 말이다. 옷을 입었을 때 전체적으로 그 사람의 이미지가 전달되어야지 옷만 보여서는 안 된다는 뜻이다. 그 사람의 색깔이나 스타일이 옷에 묻힌다면 그 사람을 위한 옷이 아니라는 말과도 같다. 현명한 소비자라면 이 점을 잘 알아채야 한다.

● 리뷰 확인하기

착용해본 소비자들의 주관적인 입장을 들어보고 구매에 참고할 수 있으므로 리뷰는 중요한 정보다. 사진이 없는 후기에서는 질감이나 디테일 등의 정보를 얻고, 사진이 첨부된 후기에서는 모델 외의 사람이 착용했을 때 어떤 핏이 나오는지 더 자세하게 알 수 있다. 후기가 대체로 긍정적이면 다른 사람이 입었을 때도 괜찮다는 의미이므로 쇼핑 실패 확률이 줄어들 것이다.

온라인 쇼핑몰에서 성공하기가 어려운 이유는 모니터를 통해 봐야 한다는 제한과 모델들의 착용 컷에서 내가 입었을 경우를 상상하기 어렵다는 점 그리고 포토샵을 통한 보정 등의 이유가 있다. 그래서 웬만한 눈썰미를 지니지 않고는 온라인 쇼핑을 추천하지 않는다. 그럼에도 온라인 쇼핑을 해야겠다면 이 정도는 염두에 두고 쇼핑에 임하는 것이 좋다. 이상의 다섯 가지 사항을 모니터 옆에 붙여놓고 쇼핑하자.

4장

나를 드러내는
스타일링 7단계

영화 〈쇼퍼홀릭〉의 한 장면

불량 스타일이란 삶에 긍정적 영향을 주기보다는 부정적 영향을 주는 스타일과 쇼핑 습관을 가리킨다. 다음 항목에 정직하게 답해보자.

☐ 쇼핑하러 가면 거의 충동구매를 하게 된다.

☐ 집에 있는 옷 중 안 입는 옷이 50퍼센트 이상이다.

☐ 쇼핑하러 가서 점원의 말에 혹해 구매한 적이 많다.

☐ 집에 구매해놓고 한 번도 안 입은 옷이 세 개 이상이다.

☐ 내가 입는 옷이 나를 잘 표현한다고 생각해본 적이 없다.

☐ 싸고 저렴한 옷을 사서 빨리 입고 빨리 버리는 편이다.

☐ 집에 있는 옷 중 자신감을 주는 옷이 세 개 이하다.

☐ 옷을 선택하는 기준이 없이 예쁘고 유행하는 옷이면 사는 편이다.

☐ 스타일에 대해 지인들에게 자주 지적을 받는다.

☐ 나한테 안 어울릴 거란 생각으로 시도해보지 못한 스타일이 꽤 많다.

● 1~3개: 당신의 스타일 불량지수는 양호한 편으로 본인이 조금만 더 노력하면 된다.
● 4~7개: 당신의 스타일 불량지수는 심각한 편으로 이 책이 도움이 된다.
● 8개 이상: 당신의 스타일 불량지수는 무척 심각한 편으로 퍼스널 스타일리스트를 만나길 권한다.

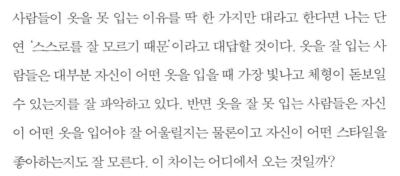

personal styling

나를 알면
스타일이 보인다

사람들이 옷을 못 입는 이유를 딱 한 가지만 대라고 한다면 나는 단연 '스스로를 잘 모르기 때문'이라고 대답할 것이다. 옷을 잘 입는 사람들은 대부분 자신이 어떤 옷을 입을 때 가장 빛나고 체형이 돋보일 수 있는지를 잘 파악하고 있다. 반면 옷을 잘 못 입는 사람들은 자신이 어떤 옷을 입어야 잘 어울릴지는 물론이고 자신이 어떤 스타일을 좋아하는지도 잘 모른다. 이 차이는 어디에서 오는 것일까?

청소년이 열광하는 아이돌 가수이자 패셔니스타 지드래곤을 예로 들어보자. 그는 백발을 하건 삭발을 하건 화장을 하건 민낯을 하건 자기 스타일대로 멋지게 소화해낸다. 패션계의 '미다스' 같은 존재로 확고히 자리를 잡았다. 청소년들이 그에게 열광하는 이유는 나이가 들어도 변치 않을 패션 감각 때문도 있겠지만 예쁘고 잘난 사람들만

모인 연예계에서 자신만의 스타일 감각을 구축했기 때문이 아닐까?

그렇다면 그는 단지 연예인이기 때문에 옷을 잘 입는 것일까? 나는 아니라고 본다. 스스로에 대한 명확한 정체성이 뒷받침되어 있기 때문이다. 그는 초등학교 6학년 때부터 연습생이 되었을 정도로 자신이 무엇을 좋아하는지, 무엇을 잘하는지, 무엇을 할 때 가장 즐거운지를 잘 알고 있었다. 이처럼 자신에 대한 명확한 이해가 스타일에까지 적용된다면 옷을 못 입을 이유가 전혀 없다. 오히려 '폭풍 간지', '포스 작렬' 스타일이 당연하게 느껴질 정도다. 지드래곤은 6학년 때부터 아니, 그 이전부터 자신에 대해 생각하고 고민하며 어떤 사람이 될 것인가를 상상했을 것이다. 또한 계속적인 자기 암시와 노력을 통해 마침내 자신이 되고 싶었던 모습으로 변화했을 것이다. 어떤 사람이 되고 싶은지는 어떤 분위기를 풍기고 싶은지와 연관되며 결국 어떤 스타일을 가질 것인지로 귀결된다.

notes 10 | 나다운 스타일로 드러나려면?

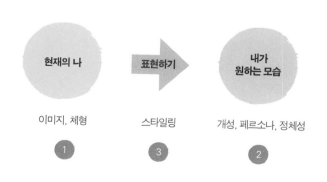

현재의 나 → 표현하기 → 내가 원하는 모습

이미지, 체형   스타일링   개성, 페르소나, 정체성

1   3   2

그는 아이돌이지만 어리다고만 치부할 수 없을 정도의 '자기 확신'으로 살아왔기에 누구도 범접할 수 없는 '간지'와 '포스'를 갖게 되었다. 오늘도 청소년들은 지드래곤의 패션을 따라 하기 위해 필사적으로 노력한다. 하지만 그들은 자신과 지드래곤의 차이가 단지 외적인 것에 국한되어 있지 않음을 알아야 한다. 내가 무엇을 좋아하는지, 무엇을 잘하는지, 무엇을 할 때 즐거운지에 대한 자기 성찰이 선행되지 않는다면 지드래곤과 똑같이 입었다고 하더라도 그와 같은 '간지'는커녕 '짝퉁 포스'만 날리게 될 것이다.

다시 한 번 강조하건대 지드래곤이 멋진 이유는 '잘 꾸며서'가 아니라 그 이면에 자신감과 자기 확신이 있기 때문이다. 단지 외모를 꾸미기 위해 애쓰기보다는 자신을 누구보다 잘 아는 것에서부터 비롯되는 자신감, 그것이 바로 지드래곤과 일반인의 차이다. 그것이 바

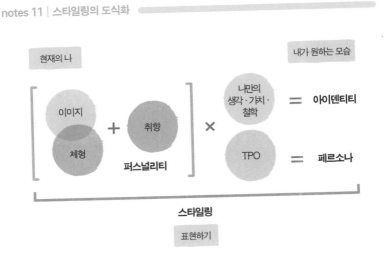

notes 11 | 스타일링의 도식화

로 나를 사랑할 줄 아는 사람과 그렇지 않은 사람의 차이이자 '스타일은 자신을 아는 것에서 비롯된다'라는 논리의 강력한 뒷받침이다.

스타일이란 내가 원하는 모습으로 드러나는 것이다. 그러므로 현재의 나를 알고 내가 원하는 모습이 되기 위해 표현할 수 있으면 된다. '현재의 나'는 이미지와 체형을 말하고 '내가 원하는 모습'으로 드러나려면 개성과 정체성, 페르소나가 필요하다.

personal styling

얼굴에서 드러나는

고유의 느낌, 이미지

이미지란 전체적으로 느껴지는 분위기를 말하며 디자인과 컬러를 결정한다. 여성의 경우 크게 프리티, 모던, 페미닌이라는 세 가지 타입의 조합으로 나뉜다. 주로 얼굴에서 느껴지는 분위기가 이미지의 대부분을 차지하는데 컬러 쪽에서는 Warm 타입과 Cool 타입, 봄, 여름, 가을, 겨울의 사계절 타입으로 나누기도 한다.

나는 어떤 이미지?

자신의 이미지만 잘 파악해도 어울리는 스타일을 연출할 수 있다. 여성은 기본적으로 세 가지 기본 이미지의 비율과 4계절 컬러 타입을 바탕으로 파악할 수 있다.

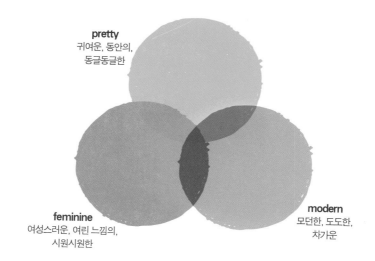

pretty
귀여운, 동안의,
동글동글한

feminine
여성스러운, 여린 느낌의,
시원시원한

modern
모던한, 도도한,
차가운

귀엽고 사랑스러운 이미지: 구혜선, 송혜교 ///////////////////////

:: 디자인적인 요소: 심플한 아이템보다는 리본, 셔링, 프릴 등 디테일이 있거나 퍼프 소매 등 곡선적인 요소가 많다. 재킷이 짧을수록, 허리선이 가슴 아래 엠파이어 라인에 가까워질수록, 스커트 곡선이 둥글수록 귀여운 느낌에 가깝다. 대표적인 디자인 요소는 도트 무늬, 퍼프 소매, 리본 디테일 등이다.

:: 컬러: 봄 느낌의 통통 튀는 컬러(연두, 주황, 노랑)나 선명한 원색 계통이 '또렷한, 선명한, 발랄한, 생동감 있는' 등의 이미지를 준다.

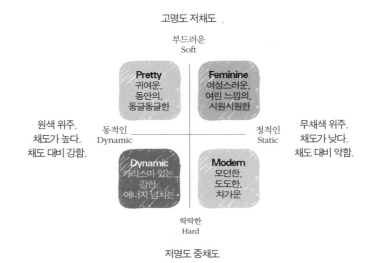

여성스럽고 우아한 이미지: 손예진, 최지우 ///////////////////////

:: 디자인적인 요소: 몸을 타고 흐르는 실루엣이 많다. 여성의 곡
선미를 살리면서 은은한 섹시미를 보여주기도 한다. 대표적인
디자인 요소는 글래머러스함을 부각하는 라인과 실크 소재의
블라우스, 페이즐리 문양이나 플라워 패턴이다.

:: 컬러: 파스텔 톤이나 페일 톤의 컬러(연핑크, 연하늘색, 연보라)가
'은은한, 우아한, 부드러운, 연약한' 등의 이미지를 준다.

모던하고 시크한 이미지: 김남주, 변정수 ///////////////////////

:: 디자인적인 요소: 디테일을 최소화하고 심플한 디자인의 아이

템을 사용한다. 곡선적인 요소보다 직선적인 요소가 강한 아이템은 모던하고 시크한 분위기를 준다. 대표적인 디자인 요소는 기본 재킷, 무지 티셔츠, 기본 데님 또는 면바지 등이다.

notes 14 | 명도와 채도에 따른 느낌

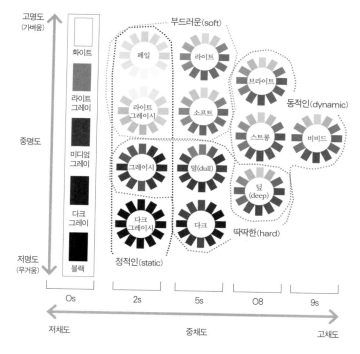

명도는 색깔의 밝고 어두운 정도를 말하며 채도는 색깔의 선명하고 흐린 정도를 말한다. 고명도일수록 부드러운 느낌이 강하며, 저명도일수록 딱딱한 느낌이 강하다. 그리고 저채도일수록 정적인 느낌이 강하며, 고채도일수록 동적인 느낌이 강하다. 예를 들어 저채도의 고명도 컬러는 우아하고 부드럽고 여린 느낌을 주며, 저채도의 저명도 컬러는 점잖고 딱딱하고 권위적인 느낌을 준다. 컬러의 이러한 다양한 특성을 활용해 나에게 맞는 이미지의 컬러를 찾기도 하고, 내가 보여주고 싶은 이미지를 메이킹하기도 한다.

자료: 일본색채연구소

:: 컬러: 차갑고 도시적인 느낌의 네이비나 회색, 흰색 등의 컬러가 '차분한, 딱딱한, 도시적인, 정적인' 등의 이미지를 준다.

퍼스널 이미지는 절대적이지 않다

사람은 한 가지 이미지만 가지고 있지 않기 때문에 여러 이미지를 어떤 비율로 수용하느냐에 따라 모습이 달라질 수 있다. 예를 들어 내 주변에는 30대임에도 20대처럼 보이는 동안 얼굴과 체형을 한 사람이 있다. 그녀의 이미지에는 '프리티'와 '페미닌'이 적절히 섞여 있다. 이때 '프리티'를 좀 더 강하게 나타내면 어리고 발랄하면서 귀여워 보인다. 반면 '페미닌'을 좀 더 강하게 표현하면 나이에 맞아 보이면서 품위를 갖춘 우아한 여성으로 보일 것이다.

하지만 퍼스널 이미지는 자신의 취향에 따라 얼마든지 변화할 수 있다. 그래서 스타일 코칭을 할 때 기준이 잡혀 있지 않은 고객에 대해서는 그 사람의 기본적인 이미지에 맞춰 진행하지만, 본인의 취향이 있다면 그것을 따르는 것 또한 자기만의 스타일을 만들어나가는 데 좋은 방법이다.

자신만의 이미지를 파악하는 것은 자신의 스타일을 찾고자 하는 사람들에게 꼭 필요한 과정이다. 이미지를 파악해두면 그림 그리기가 훨씬 수월해지는 캔버스를 마련한 것과 같다. 자신이 부드러운 느낌의 캔버스인지 거친 느낌의 캔버스인지 기존의 양식을 재창조하는 캔버스인지 생각해보자.

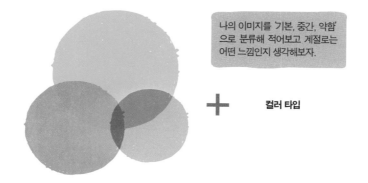

나의 이미지를 기본, 중간, 약함'
으로 분류해 적어보고 계절로는
어떤 느낌인지 생각해보자.

+

컬러 타입

personal styling

실루엣과
비율, 핏

'실루엣'이란 내 몸 전체의 라인이 이어져 드러나는 모양이고, '비율'
은 체형의 한 부분을 기준으로 했을 때 다른 부분과의 수치 비교라고
할 수 있다. 그리고 '핏'은 어떤 옷을 입었을 때 나의 체형에 잘 맞으
면서 최상의 실루엣으로 보여줄 수 있는 형태를 말한다. 그러므로 실
루엣을 파악해 내 몸의 튀어나온 부분과 들어간 부분을 잘 활용하면
최상의 핏과 비율을 만들어낼 수 있다. 실루엣이 원래 체형 고유의
선이라면 핏과 비율은 내가 원하는 체형에 가까운 실루엣으로 만들
어줄 수 있는 비법이다. 실루엣과 비율, 핏은 체형과 가장 밀접한 관
계가 있다.

   체형을 정확히 판단하기 위해서는 뒤에서 본 모습, 앞에서 본 모습,
위에서 본 모습, 옆에서 본 모습 등 바깥 라인을 객관적으로 그려봐야

한다. 하지만 자신의 체형을 객관적으로 본다는 것은 말처럼 쉬운 일이 아니다. 대부분 사람이 자신의 몸 자체를 객관적으로 맞닥뜨리는 데에 엄청난 부담감과 두려움을 안고 있기 때문이다. 바로 이것이 제대로 된 스타일을 연출할 수 없게 만드는 가장 큰 원인 중의 하나다.

나는 저주받은 몸매의 소유자인가?

TV에 출연하는 연예인들을 보노라면 그들은 태생부터 우리와 다른 인종인가 하는 자괴감이 들 때가 있다. 내 몸 여기저기 울룩불룩 튀어나온 셀룰라이트가 만져질 때마다 더 리얼하게 깨닫게 된다.

우수한 바디 라인의 소유자 이효리를 예로 들어보자. 그녀는 어떻게 몸짱이 되었을까? 비법은 누구나 알고 있다. 식이요법과 웨이트 트레이닝 등등. 하지만 그에 앞서 이미 바꿀 수 없는 타고난 체형적 장점도 분명히 존재한다. 이효리는 어깨와 골반(지방이나 근육의 살을 말하는 것이 아니라 골격을 말한다)의 비율이 넓지도 빈약하지도 않은 적당함을 자랑한다.

그런데 이들이 가지고 있는 태생적 '특장점'은 우리도 하나쯤은 가지고 있다. 왜냐하면 사람은 누구나 다르게 생겼고 뜻밖에 세상은 이런 점에서 평등하니까! 연예인들의 몸은 대중에게 '보이기' 위해 '만들어졌'고 생각한다면 좀 위로가 될지 모르겠다. TV 속 8등신과 자신을 비교하는 일은 이제 그만두고, 현실 세계로 돌아오자. 그리고 어떻게 하면 나를 좀 더 돋보이게 할 수 있을지 궁리하자.

사진 사용을 허락해준 B2B 엔터테인먼트와 이효리 씨께 감사의 말씀 드립니다.

내가 추천하는 체형 파악의 첫 번째 원칙은 자신만의 장점을 기어이 찾아내도록 하는 것이다. 대부분이 자기 몸에서 장점이라곤 눈 씻고 찾아보려야 찾을 수 없다고 단정적으로 말한다. 하지만 찾아보면 반드시 있다는 게 내 생각이다. 이것은 의외로 자신보다는 주위 사람들이 더 잘 알아볼 수도 있다. 체형에 대해서 어릴 때부터 들어왔던 칭찬을 생각해보면 빨리 찾을 수 있다.

나의 어깨가 여성스러운 라인으로 부드럽게 흘러내리고 있는지, 다른 곳에 비해 잘록한 허리를 가지고 있는지, 남들보다 긴 다리선을 가졌는지 등 아주 구체적이고 세세하게 따져볼 필요가 있다. 퍼스널 스타일링에서 성공하려면 나의 타고난 체형적 장점을 항상 염두에 두고 스타일에 적용해야 한다. 즉, 내 몸을 옷에 맞추는 것이 아니라 옷을 내 몸에 맞추는 것이다.

두 번째 원칙은 단점을 최소화하는 것이다. 의뢰인들을 만나서 장단점을 물어보면 열에 아홉은 장점은 없고 단점만 많다고 이야기한다. 그러나 정말 단점밖에 찾을 수 없는 체형이라면 스타일링의 길은 너무나 요원하지 않을까? 우리 몸 역시 자신을 사랑해주고 아껴준다는 느낌이 들어야 더 좋은 스타일을 내게 해줄 것이 분명하다.

　단점이 손에 꼽을 수 없을 정도인가? 마음을 다시 한 번 가다듬고 객관적으로 생각해보자. 좀 더 아량을 가지고 자신을 바라볼 것이며, 부풀려진 단점은 걸러내도록 한다.

　장단점을 찾았다면 이제 그것을 바탕으로 스타일링을 하면 된다. 장점은 극대화하고 단점은 최소화하는 완벽한 바디 라인의 지구인으로 재탄생하는 것이다. 믿지 못할 수도 있겠지만, 누구나 부러워하는 몸매의 연예인들조차 자신의 체형에 대해 못마땅해하고 보완하고 싶

notes 16 │ 당신의 체형적 장점은?

부위 / 장점	1	2	3
얼굴			
상체(목~허리)			
하체(허리~발)			

notes 17 │ 당신의 체형적 단점은?

부위 / 장점	1	2	3
얼굴			
상체(목~허리)			
하체(허리~발)			

어하는 부분을 가지고 있다. 하지만 스타일링을 잘해 교묘하게 가리거나 장점을 한껏 드러내 단점이 단점으로 보이지 않도록 한 것이다.

실루엣과 비율의 마법

장점은 극대화하고 단점을 보완하는 실루엣은 어떻게 만들 수 있는지 알아보자.

남자와 여자는 기본적으로 실루엣이 다르다. 남자는 V자(역삼각)형, 여자는 X자(모래시계)형이 가장 멋지고 예뻐 보이는 라인이다. 그래서 어떤 옷을 입든 실루엣을 고려하면 좀 더 날씬해 보이고 매력을 돋보이게 할 수 있다.

체형에서 실루엣과 더불어 또 한 가지 중요한 요소는 '허리를 기준으로 나누어지는 비율'이다. 완벽한 신체적 비율이라고 일컬어지는 미켈란젤로의 다비드상도 허리를 기준으로 보면 5:5로 정직한 비율을 자랑한다. 그러니 상체보다 다리가 길지 않다고 실망하거나 자신을 낳아준 부모님을 탓하지 말지어다. 5:5라는 정직한 비율을 스타일링을 통해 4:6으로 만들면 다리도 길어 보이고 키도 커 보이는 비례가 나온다. 이것이 바로 스타일을 통한 체형 커버, 즉 마법의 스타일링이라 할 수 있다.

이런 비율의 효과를 잘 이용하면 어깨도 좁아 보이게, 허리도 얇아 보이게, 다리도 길어 보이게 할 수 있다. 옷으로 체형 보완을 잘하는 사람들은 기본적으로 이러한 공식을 잘 이해하고 있다.

실루엣을 파악하고 싶다면 딱 붙는 옷을 입고 거울 앞에 서보자. 그런 다음 나의 체형이 어떤 비율을 가지고 있는지 파악해보자. 남성은 어깨가 가장 넓고 허리와 골반의 비율이 비슷하나 골반의 뼈대 때문에 조금 더 각이 져 보인다. 반면 여성은 어깨가 가장 넓고 허리가 얇으며 골반은 어깨와 허리의 중간 정도여서 X자(모래시계)형이 나온다.

지금 거울 앞에 서서 체형적 콤플렉스를 객관적으로 진단해보자. 자기 체형의 단점마저도 사랑할 수 있다면 더없이 좋겠지만, 그럴 수 없다면 단점 세 가지 정도를 꼽은 후 보완 스타일링 기법을 적용해보자. 그러면 더는 콤플렉스가 아닌 '사랑스러운 나의 몸'이라는 생각으로 바뀔 것이다.

나는 어떤 체형일까?

여성의 체형은 여섯 가지로 구분할 수 있다. 원래 실루엣은 X자, A자, V자, I자인데 여기에 살이 쪄서 H나 O자가 더해진다. 지금부터 각 체형별 특징을 살펴보자.

여성 체형의 원래 실루엣

X자형   A자형   V자형   I자형

살이 쪄서 생긴 실루엣

H자형   O자형

XAVIHO

X자 체형
일반적인 여성의 체형

A자 체형
- 골반이 넓다.
- 허벅지에 살이 많다.
- 어깨가 좁고 손목과 발목이
  가늘다. 허리도 가는 편이다.

V자 체형
- 어깨가 넓다.
- 상체가 하체보다 통통하다.
- 다리가 늘씬하다.

I자 체형
- 날씬하지만 볼륨감
  이 없다.
- 허리가 길다.

O자 체형
- 배가 나왔다.
- 허리가 없다.
- 전체적으로 볼륨감
  이 있으며 종아리가
  늘씬한 편이다.

X자 체형: 일반적인 비율의 체형 ////////////////////////////////

어느 순간 우리나라 여성들도 글래머러스화하기 시작했다. 서양 식단의 유입 때문이기도 하겠지만 경제성장으로 발육(?) 상태가 좋아졌기 때문이다. X자 체형은 비율이 평균인 여자 체형 또는 김혜수나 송혜교처럼 글래머러스한 체형을 말한다. 일반적인 X자 체형은 특별히 까다로울 것이 없으므로 입고 싶은 대로 자신의 감각을 뽐내면 된다.

X자 체형은 체형적으로 보완할 부분이 없으므로 본인의 이미지와 취향에 따라 마음껏 입고 드러내면 된다.

- 이상적인 여성의 체형이다.
- 어깨점과 허리점을 반으로 나눈 중심이 힙선과 같다.
- 살이 찌더라도 곧고 꼿꼿하다.

V자 체형: 상체가 통통하거나 어깨가 넓은 체형 //////////////

외국에서는 당연한 체형이 우리나라에서는 오버사이즈로 평가되는 경향이 있다. 워낙 날씬한 사람이 많고 평균 사이즈에서 조금만 벗어나도 옷 입기가 불편해지니 스스로를 남과 다르다고 옭아매는 것이 어찌 보면 당연하다. 하지만 그럼에도 글래머러스한 체형은 여성들이 부러워하는 체형의 기본 바탕이다. 제대로 된 속옷을 착용하는 것이 첫 번째로 중요하고 본인의 체형을 잘 살려주는 실루엣의 옷을 선택하는 것이 두 번째로 중요하다.

V자 체형의 대표적인 연예인은 현영이다. 슈퍼모델 출신인 그녀는 넓은 어깨를 가지고 있지만, 늘씬한 다리 등 축복받은 몸매는 어깨의 단점을 커버하고도 남는다. 다른 체형도 마찬가지지만, 넓은 어깨라는 특이점 하나 때문에 다른 모든 장점을 무시해버리는 실수를 해서는 안 된다. 어깨를 커버하는 스타일링은 어깨에서 시선을 분산시켜 넓어 보이지 않게 하는 것이다. 하의의 너비를 어깨의 너비와 비슷하게 맞춰 상대적인 착시 효과를 주면 된다.

● 하체보다 상체가 큰 체형: 뱃살이 없고 힙이 작다.

● 어깨가 넓은 체형: 팔이 길고 다리가 늘씬하다.

스타일 코칭 사례

가슴이 커서 콤플렉스인 L양. 그녀는 152센티미터의 아담한 키에 다소 통통한 몸매였다. 그것까지는 좋은데 글래머러스한 가슴 때문에 옷 입기가 여간 힘든 것이 아니다. 어깨와 허리에 맞는 옷은 가슴 부분이 안 잠기고 그래서 펑퍼짐한 옷

을 입으면 너무나 둔해 보여서 죽을 맛이다. 실제 속옷 가게에가서 사이즈를 재

보니 그녀의 가슴은 F컵.

그러나 속옷 가게 점원의 마술 같은 손길로 가슴 커버용 브래지어를 착용했더니

몸매가 한결 살아났다. 여기에다 몸매를 타이트하게 잡아줄 수 있는 옷으로 바

꿨더니 글래머러스함은 살리고 날씬해 보이는 효과를 얻었다.

상의는 가슴을 잡아줄 수 있는 쫀쫀한 재임의 니트나 티셔츠가 좋다. 그리고 아

우터는 흘러내리는 느낌보다 어깨와 허리선을 잡아 라인을 살려주는 스타일이

날씬해 보인다.

하늘하늘한 소재의 남방은 가슴 라인
을 따라 그대로 아래로 쭉 흘러내리기
때문에 가슴이 커서 고민인 사람에게
어울리지 않는다. 한마디로 가슴 보완
효과는 보기 어렵다. 단, 세로 줄무늬
라면 슬림한 효과는 줄 수 있다.

면 소재의 어깨, 가슴, 허리 라인을
잡아주는 남방은 가슴을 감싸주면
서 핏되는 느낌을 주므로 큰 가슴을
보완하면서 날씬한 효과를 준다.

니트 역시 뚝 떨어지는 소재는 날씬
해 보이는 효과는 없다.

가슴을 잡아주고 라인을 살려주는
것이 관건이다.

카디건이나 재킷도 마찬가지다. 볼레로처럼 가슴 바로 아래에서 끝나는 카디건
이나 재킷은 상체를 더 커 보이게 한다.

날씬해 보이기 위해서는 내 몸에서 날씬한 곳을 드러내면 된다. 엠파이어 라인이나 허리선 중 한 군데를 골라 드러내자. 날씬한 곳을 가리게 되는 실루엣의 왼쪽 원피스보다 허리선을 드러내는 오른쪽이 더 효과적이다.

V자 체형 추천 코디 1
일반적인 다른 니트나 블라우스, 셔츠도 매치할 수 있으며 플랫 슈즈가 아닌 힐을 매치해도 잘 어울린다.

스타일 코칭 사례

날씬한 몸에 비해 각진 어깨가 고민이었던 K양. 친구들과 비슷한 사이즈의 티를 입어도 항상 어깨선이 맞지 않아 옷맵시가 잘 나지 않았다. 어깨를 보완하려고 머리를 길러서 항상 어깨를 가리고 다녔다. 어깨 외에는 날씬한 몸매와 여성스러운 이미지 등 옷 입는 데 손색이 없는 체형이었지만 단점에 너무 집중하다 보니 장점을 살리지 못하고 있었다.

어깨 부분은 시선을 분할해주거나 어깨선을 안쪽으로 잡는 것으로 보완할 수 있다. 어느 정도 목선이 파인 상의와 어깨선이 밖보다는 안으로 들어와 있는 옷을 선택하면 좋다.

어깨선을 따라 가로선이 강조되면 어깨가 넓어 보인다. 어깨를 보완할 때 관건은 어깨선을 다 보여주느냐, 분할하여 착시 효과를 주느냐다.

라운드가 넓어질수록 어깨선을 분할하므로 전체 어깨너비를 알아채지 못하게 하여 보완 효과를 얻을 수 있다. 단, 지나치게 넓어져서 입술 라인이 되면 어깨선이 그대로 드러나서 보완 효과가 떨어진다.

퍼프 소매는 어깨점이 어디에 있느 냐에 따라 어깨를 보완하거나 넓어 보이게 할 수 있다. 어깨점이 실제 어깨보다 안쪽에 위치한다면 보완이 되겠지만, 퍼프 소매는 대부분 어깨를 강조하는 효과를 준다.

퍼프가 크지 않고 자연스러우며 넓은 라운드와 만나면 어깨를 보완할 수 있다. 오른쪽 원피스처럼 어깨점이 안쪽에 위치한 상의나 원피스는 넓은 어깨를 좁아 보이게 하는 효과를 준다.

V자 체형 추천 코디 2
한 가지 색깔의 블라우스를 매치하거나 스커트가 아닌 청바지나 반바지를 매치해도 좋다. 라운드가 어느 정도 파여 어깨선을 분할해 착시 효과를 주는 것이 관건이다. 어깨너비가 어느 정도인지 가늠하지 못하게 하는 것이 좋다.

A자 체형: 허벅지가 통통하거나 힙과 골반이 넓은 체형 //////////

'큰 골반'은 청바지나 스커트를 구매할 때 아무런 도움이 안 될뿐더러 골치 아픈 요인 중의 하나로만 여겨진다. 그래서 골반이나 힙이 크면 콤플렉스를 느끼곤 한다. 하의를 허리에 맞춰야 하는데 힙이나 골반에 맞출 수밖에 없기 때문이다.

하지만 하의는 66에 맞출지언정 상의는 55에 맞출 수 있다는 것을 행운으로 여기는 것이 어떨까? 하체의 통통한 부분이 부각되지 않도록 상체와의 비율을 맞추고 상의를 슬림하게 입으면 누구나 부러워할 스타일링이 가능하니까 말이다.

A자 체형은 하체가 통통한 대신 허리는 굉장히 잘록한 편이므로 벨트가 있는 원피스를 선택하면 가장 날씬해 보인다. 슬림 핏 일자 청바지도 하체를 보완하는 아이템이다.

- 상체보다 하체(힙+허벅지)가 통통하다.
- 어깨는 좁은 편으로 상체가 작고 팔목과 발목이 가늘다.
- 힙이 큰 편이며 살이 찌면 하체부터 찐다.
- 허리가 가늘며 대체로 똥배도 없다.

스타일 코칭 사례

골반에서 허벅지까지 살이 남달랐던 S양. 그녀는 두부같이 몽렁몽렁한 살도 고민이었지만 튼실한 하체때문에 웨이트 트레이닝에 돌입했다. 3개월 동안 집중 트레이닝을 하면서 살을 빼기보다 근육을 만들어 살에 탄력을 주었더니 하체가 몰라보게 슬림해졌다. 타고났다고 생각했던 하체 통통도 근육이 붙자 달라진

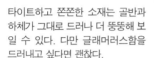

타이트하고 쫀쫀한 소재는 골반과 하체가 그대로 드러나 더 뚱뚱해 보일 수 있다. 다만 글래머러스함을 드러내고 싶다면 괜찮다.

골반이 넓고 하체가 통통한 A자 체형에게 가장 잘 어울리는 원피스 라인이다. 허리를 살짝 잡아주면서 주름이 있어 A 라인으로 퍼지는 스타일은 날씬한 허리를 강조하면서도 하체를 보완해 굉장히 날씬한 효과를 준다.

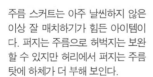

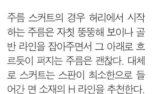

주름 스커트는 아주 날씬하지 않은 이상 잘 매치하기가 힘든 아이템이다. 퍼지는 주름으로 허벅지는 보완할 수 있지만 허리에서 퍼지는 주름 탓에 하체가 더 부해 보인다.

주름 스커트의 경우 허리에서 시작하는 주름은 자칫 뚱뚱해 보이나 골반 라인을 잡아주면서 그 아래로 흐르듯이 퍼지는 주름은 괜찮다. 대체로 스커트는 스판이 최소한으로 들어간 면 소재의 H 라인을 추천한다.

청바지나 바지는 스키니보다는 세미 스키니나 슬림핏 일자를 추천한다. 골반과 종아리 핏의 차이가 크면 클수록 골반이 더 넓어 보여 하체의 보완 효과가 떨어지기 때문이다.

A자 체형 추천 코디
핏되는 상의와 골반 라인을 잡아주면서 그 아래로 흐르듯이 퍼지는 H 라인 스커트를 매치하면 하체 보완 효과가 뛰어나다.

것이다. 그녀는 미니 스커트를 넘보는 용기까지 갖게 되었다.

이처럼 살의 탄력은 몸의 비율을 균형감 있게 만들어 주는 비법이기도 하다. 옷으로 일정 부분 체형을 보완할 수 있지만, 그것에 만족할 수 없다면 운동으로 늘어진 살에 탄력을 더해주자.

I자 체형: 말라서 볼륨이 없거나 허리가 긴 체형 /////////////////

비쩍 마른 몸은 스타일을 내는 데 플러스 요인보다 마이너스 요인으로 작용하기 쉽다. 글래머러스한 X자 체형처럼 몸을 따라 흐르는 실루엣의 옷을 선택하면 자칫 빈티 나 보일 수 있기 때문이다. 게다가 이 체형은 기본적으로 살도 잘 안 찐다. 그래서 마른 몸을 거부하는 44, 55 몸매의 소유자들이 의외로 많다. 다만 그들이 자기 체형에 대해 불평을 늘어놓았다가는 날씬함을 지상 과제로 추구하는 여성들로부터 돌팔매가 날아올지도 모르니 조용히 있는 것이다.

그러나 사이즈에 맞는 옷이 없어서 혹은 굴곡 없는 몸매 때문에 스타일링이 어렵다고 해서 스타일을 찾으려는 노력을 포기해서는 안 된다. 이 체형은 본인 빼고 누구나 부러워하는 몸매이기에 자신감을 가지고 본인에게 맞는 사이즈와 최고의 핏을 찾는 것부터 시작해야 한다.

● 날씬하지만 볼륨감이 없다.

● 허리가 길어서 다리가 짧아 보인다.

스타일 코칭 사례

15기센티미터의 아담한키에 몸무게는 42~44킬로그램을 왔다갔다하는 마른 체형의 N양. 가지고 있는 상의는 본인의 체형에 비해 큰 것이 많고 하의 역시 항상 줄여서 입어왔기에 핏이 예쁘게 살아나질 않았다. 어떻게하면 마른 몸을 날씬한 몸매로 보이게할수 있을까?

반품을 좀 팔아서 자신의 몸에 가장잘맞는 핏을 찾는 것이 관건이다. 브랜드마다 사이즈 기준이 다르므로 마른 체형의 경우 브랜드에따라 55가 될 수도 있고

I자 체형은 빈해 보이지 않으면서
날씬함을 부각하는 것이 관건이다.
너무 헐렁한 옷은 없어 보일 수 있
으며 너무 몸매를 드러내는 옷 역시
마른 몸을 드러내 더 말라 보일 수
있다. 단, 키가 있으면서 마른 경우
라면 그런 느낌은 좀 덜하다.

날씬함은 강조하면서 몸의 곡선을
살려주는 것이 관건인데 그러기 위
해서는 날씬한 허리선을 강조하는
실루엣을 선택하는 것이 좋다.

헐렁한 상의는 스키니한 반바지나
청바지와 잘 어울린다. 하지만 마른
체형에게 너무 헐렁한 상의는 마른
상체를 더 말라 보이게 할 수 있으
므로 어깨선을 넘어가는 루즈핏은
좋은 선택이 아니다.

44나 44 반 정도 되는 체형이라면
내 몸에 맞는 핏의 아이템을 입어야
말라 보이지 않고 날씬해 보인다.
내 어깨와 가슴, 허리 라인에 잘 맞
는 핏을 보는 눈을 길러야 하겠다.

스키니는 I자 체형의 날씬함을 강조하는 아이템이다. 허리가 특히 긴 사람은 하이 웨이스트 스커트나 반바지를 입으면 날씬해 보이면서 다리도 길어 보인다.

I자 체형 추천 코디
긴 허리를 가려주는 상의에 스키니한 청바지를 매치하면 잘 어울린다. 44사이즈가 나오는 브랜드가 갈수록 줄어들고 있다. 매긴나잇 브릿지나 잇 미샤 등의 55사이즈가 그나마 작게 나온다.

44가 될 수도 있다. 입었을 때 어깨부터 가슴선을 따라 자연스럽게 실루엣이 잡혀야 한다. 바지나 스커트 역시 허리는 줄여서 입더라도 골반 등 대략적인 골격에는 맞아야 수선을 해도 핏이 망가지지 않는다.

O자 체형: 배 둘레에 살이 가장 많은 체형 ////////////////////

조금 귀엽게 말하자면 살이 쪄서 '베이비 체형'이 된 여성들을 말한다. 전체적으로 살이 쪄서 멀리서 보면 X자 체형으로 보일 수 있지만 가까이 갈수록 통통한 체형이 드러난다.

여성이 가장 날씬해 보이기 위해서는 체형의 실루엣을 X자로 만들어야 하는데, 이 체형은 배가 나와 허리를 강조하려야 강조할 수가 없다. 그러니 S 라인을 살리기 위해 허리 대신 다른 곳을 강조해야 한다. 그중 하나가 바로 가슴 아래 라인, 엠파이어 라인이라 불리는 곳이다. 허리선을 강조했을 때처럼 완벽한 S 라인을 구사할 수는 없지만 배를 보완하여 날씬하게 보이는 스타일링을 할 수 있다. 다만, 자칫 귀여워 보일 수 있으므로 본인의 이미지와 맞지 않는 사람에게는 역효과가 날 수 있다.

- X자에서 살이 찐 체형으로 X자 실루엣은 살아 있지만 통통하다는 점이 다르다.
- 주로 배 부분에 살이 많다.
- 30대에서 40대로 넘어가면서 많아지는 체형이다.

스타일 코칭 사례

통통하지만 옷을 입어도 태가 그대로 살아나는 숯복받은 통통족 C양. 그녀 역시 66사이즈의 통통족이지만 55반으로 보이는 체형을 가지고 있다. 바로 마법 같은 스타일링 덕분이다. 배 부분만 교묘하게 가려주면 늘씬한 팔다리와 글래머

너무 붙는 상의는 뱃살이 도드라져 보인다. 상의는 적당히 루즈한 스타일을 추천한다.

허리선이 들어간 아이템이라면 뱃살이 드러나지 않을 정도의 핏을 선택하면 좋고, 엠파이어 라인을 선택하는 것도 배 부분을 보완하기에 좋다.

몸에 딱 붙는 것은 잘 어울리지 않는다. 배가 나온 체형이므로 벨트가 있는 원피스나 주름이 있는 A 라인 스커트는 배 부분을 부각해 더 뚱뚱해 보인다.

약간 하이 웨이스트 실루엣의 원피스가 가장 잘 어울리며 날씬해 보인다.

배 부분을 강조하는 주름 스커트는 가장 살이 많은 배 부분에 주름이 들어가 더 뚱뚱해 보이게 한다. H 라인 스커트로 배를 잡아주고 배 부분을 가려주는 상의와 매치하면 날씬해 보인다.

O자형 추천 코디
이 외에도 스키니 청바지나 무늬 없는 레깅스를 매치해도 된다. 이 체형은 배 부분 외에는 날씬한 편이기 때문에 상의만 루즈하게 입어주면 아주 날씬해 보인다. 상체에 너무 붙지도 않고 너무 펑퍼짐하지도 않은, 배 부분만을 교묘하게 가려주는 핏을 찾자.

러스한 몸매로 변신한다.

66사이즈건, 77사이즈건 X자 체형에서 균형감 있게 살찐 이O, H자 체형은 그래서 옷을 입었을 때 태만큼은 가장 좋다.

체형은 스타일로 보완할 수 있다

체형 때문에 내가 원하는 스타일이 나오지 않으면 누구나 자신감을 잃게 마련이다. 하지만 아주 마르거나 아주 살이 쪄서 여성 본래의 실루엣을 잃지만 않는다면 체형은 스타일로 보완할 수 있다. 내가 가진 장점을 잘 알고 스타일로 드러낼 수 있도록 나의 태도를 먼저 긍정적으로 바꾸는 것은 어떨까?

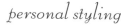

personal styling

좋아하는 스타일,
취향

취향은 전체 컨셉과 개성을 결정한다. 이미지와 실루엣, 취향 이 세 가지 요소 중에서 가장 중요한 것을 꼽으라면 취향이라고 말하고 싶다. 왜냐하면 취향은 삶이 축적된 그 사람의 기호이자 주관적인 선호의 집합체이기 때문이다.

사람마다 취향은 가지각색이다. 자신의 이미지나 실루엣(체형)은 잘 모른다고 해도 취향을 잘 모르는 사람은 별로 없을 것이다.

생각해보라. 액션 영화를 좋아하는지 드라마를 좋아하는지, 한식을 좋아하는지 양식을 좋아하는지 등 일상생활에서도 취향이 드러나지 않는 선택은 좀처럼 없지 않은가. 매 순간 취향이 드러나기 마련이며, 취향이 반영된 스타일에 편안함을 느끼는 것은 당연하다.

취향이 뚜렷한 사람일수록 자신에 대해 잘 알고 있을 확률이 높다는 심리학적 주장도 있다. 의뢰인에게 취향에 맞는 형용사를 골라달라고 요청하면 반응이 두 가지로 나뉜다. 두세 가지밖에 못 고르거나 취향이 너무 많아 고를 수 없거나. 취향이 명확하다는 것은 그만큼 자신을 잘 알고 사랑한다는 뜻이다.

취향을 알아보는 가장 쉬운 방법은 다양한 형용사 중에서 좋아하는 단어를 선택해보는 것이다. 혹은 가지고 있는 물건들을 열 가지 내외로 모아놓고 그 물건들에서 느껴지는 형용사를 세 가지씩 적어보는 방법도 있다. 가장 많이 나오는 형용사가 내 취향을 가리킬 확률이 높다.

이렇게 단어들을 선택하다 보면 자신이 어떤 이미지로 보이기를 원하는지 알 수 있다. 비슷비슷한 단어가 많은 것은 선호도를 좀 더 정확히 알기 위한 것이다. 단어 선택을 할 때는 너무 고심하지 말고 끌리는지 아닌지에만 초점을 맞춰 거침없이 동그라미를 쳐나가면 된다. 그런 다음 비슷한 단어끼리 묶어주면 그것이 바로 당신의 '취향'이다.

그러나 '취향'은 내가 속한 환경이나 상황에 따라 달라질 수 있고 나이가 들어감에 따라서도 바뀔 수 있다. 물론 이미지와 실루엣 또한 나이가 들면서 조금씩 변하겠지만 취향은 그보다 훨씬 더 변화무쌍하다. 그러므로 취향을 통해서 자신을 표현할 방법이 무한하다는 얘기다.

취향은 내가 드러내고 싶은 분위기이며, 내가 되고 싶은 사람의 이미지다. 그래서 취향이 곧 개성이자 내 스타일이라고 해도 무방해다. 내 취향대로 입을 수 있는 용기와 자신감만 있으면 본래의 이미

귀여운	실속 있는	활기찬	편안한	지적인
차분한	이성적인	전통적인	섹시한	매너 있는
강한	여유로운	위트 있는	똑 부러지는	고급스러운
주목할 만한	선도하는	개성 있는	중후한	단아한
독창적인	관능적인	사랑스러운	황홀한	심플한
세련된	실용적인	소박한	예술적인	매력적인
깔끔한	부드러운	고상한	보수적인	클래식한
건강한	자연스러운	활동적인	아기자기한	사로잡는
우아한	유쾌한	순한	트렌디한	감각적인
친근한	자유로운	눈에 띄는	매혹적인	기품 있는
창조적인	카리스마 있는	밝은 느낌의	섬세한	유행의
앞서 가는	여성스러운	온화한	경쾌한	신사적인
고전적인	화려한	독특한	합리적인	도회적인
현대적인	은은한	재미있는	스마트한	두려움 없는
엽기적인	열의가 넘치는	생동감 넘치는	화사한	상냥한
따뜻한	몽환적인	혁신적인	침착한	에너지가 충만한
터프한	발랄한	남성적인	소년 같은	당당한
다이나믹한				

지와 체형을 뛰어넘어 스타일리시해질 수 있다. 입고 싶은 옷에 과감
히 도전하는 것, 패셔니스타들의 변하지 않는 원칙이다.

personal styling

페르소나가
필요한순간

'페르소나'는 그리스 어원의 '가면'을 나타내는 말이다. '외적 인격' 또는 '가면을 쓴 인격'을 뜻한다. 한마디로 집단 사회의 행동 규범이나 역할에 맞게 변화하는 겉모습을 가리킨다. 그러므로 옷차림 측면에서 페르소나는 TPO(Time, Place, Occasion)에 알맞은가를 말한다.

아담과 이브는 선악과를 따먹는 순간 상대방의 눈을 의식하게 되고 부끄러움을 느끼게 되어 신체 일부를 나뭇잎으로 가리기 시작했다. 현대의 우리는 사회적 통념을 의식하여 남들 눈에 어떻게 비치면 좋을지를 생각하는 아담과 이브로 살고 있다.

그렇다면 영화 〈캐스트 어웨이〉에서 톰 행크스가 그랬던 것처럼 무인도에서 혼자 살면 자신이 원하는 대로 본래의 모습을 표출하면서 살 수 있을까? 인정받아야 할 상사도, 웃으며 대해야 할 고객도 없으므로 톰 행크스는 그야말로 원시인처럼 살아간다. 그런 그에게는 자본주의 사회에서의 돈이 쓸모가 없어진 것과 같이, 보여줘야 할 대상이 없기에 페르소나 역시 불필요하다.

아마 그런 상황이면 스타일이 문제가 아닐 것이다. 하지만 사람 사는 일이란 그렇지가 않다. 영화 속 톰 행크스가 무인도 생활이 외로워서 만든 배구공 인형, 윌슨 씨가 파도에 휩쓸려 가버렸을 때 누구나 눈물을 보이지 않았을까. 인간은 혼자서는 살아갈 수 없는 존재다. 다른 사람들과 어울려 살면서 인정받고 싶은 욕구는 우리가 가진 본능 중 하나다. 그러니 사회적 규범이나 관습이라는 톱니바퀴와 맞물려 살아갈 수밖에 없다.

페르소나는 두 가지 형태로 나뉜다. 하나는 '나 자신을 아예 숨기고 살아가는 것'이다. 이 유형은 삶에서 '진짜 나의 모습'을 드러내는 것을 두려워하거나 싫어한다. 그래서 자기 모습을 철저히 숨기고 '드러나는(보이는) 나의 모습'이 마치 나인 것처럼 살아간다. 옷과 화장뿐 아니라 인격에서도 이중성을 갖고 인위적으로 나를 꾸미는 사람들이 여기 속한다. 지금은 고인이 된 마이클 잭슨이 바로 대표적인 예가 아닐까 한다. 건강한 내면 위에 건강한 페르소나가 자리 잡아야 한다. 내면이 없이 페르소나만 강조된다면 이는 결코 건강한 페르소나일 수 없다.

건강한 페르소나

또 하나는 '필요한 순간마다 적절히 페르소나를 꺼내 사용하는 것'이다. 우리는 삶에서 항상 페르소나를 쓰며 살아갈 필요는 없다. 그리고 페르소나는 나의 본래 모습이기보다는 어느 정도 연출된(이성적으로 잘 재단된) 모습이므로, 더 나은 삶을 위해 필요한 가면을 제때 찾아 쓰면 된다.

이 가면(페르소나)이 필요한 순간이 바로 'TPO'다. 앞에서도 이야기했지만 우리가 필요로 하는 옷차림은 일, 사랑, 자기다움을 목적으로 하는 것이다. 그중에서도 자기다움은 자아와 연관이 있고 일과 사랑은 페르소나와 연관되는 영역이다.

예를 들어 자연스러운 만남일 때는 페르소나가 필요 없겠지만 소개팅이나 맞선 같은 만남에서는 페르소나가 필요하다. 좋은 점만 부각시켜 나를 효과적으로 어필하고 단점은 축소시켜야 하기 때문이다. 이것은 분명 자신의 원래 모습이라기보다는 상황에 맞게 '잘 포장된 가면'이라고 볼 수 있다. 그러나 처음에는 호감을 주기 위해 가면을 사용했다고 하더라도 점차 본래의 진실된 모습을 보여주어야만 사랑이라는 종착지에 이를 수 있다.

일에서도 마찬가지다. 성공하고 싶은 직장인이라면 외적인 자기관리 역시 소홀할 수 없다. 전문가로서 내가 보여주고 싶은 이미지가 있을 때 외적으로 그 이미지에 가깝게 연출하는 것이다. 외적인 자신감은 내면에까지 좋은 영향을 끼치므로 적절한 페르소나가 필요하다.

하지만 페르소나가 갖춰졌을 때 외면에 걸맞은 내적 성장을 이루려고 노력해야 내외가 조화를 이뤄 자신감이 배가될 수 있다. 그렇지 못하면 '빈 수레가 요란하다'는 말처럼 자괴감만 느끼게 될 것이다.

액세서리 매장을 시작한 B씨. 그전까지는 일반 회사에 다니는 직장인이었기에 청바지에 티셔츠를 즐겨 입었다. 그러나 이제는 한 매장의 관리자로서 자신을 드러낼 필요가 있다. 고객들이 볼 때 청바지에 티셔츠가 아니라 면바지에 깔끔한 셔츠와 재킷으로 마무리한 스타일이 관리자로서 더 신뢰가 갈 것이다.

스타일의 힘은 여기에 있다. 갖춰 입었을 때 마치 내가 관리자로서의 모든 능력을 갖춘 것 같은 느낌을 주는 것이다! 페르소나는 이럴 때 건강하게 발휘된다. 성공을 위해 필요한 모습으로 변화했는데 그 가면으로 내적인 자신감마저 상승하게 만드는 것, 그것이 바로 페르소나의 긍정적인 힘이다. 또한 우리가 적재적소에 페르소나를 잘 활용해야 하는 이유이기도 하다.

나만의 생각 · 가치 · 철학, 정체성

취향이 좋아하는 느낌이자 기호를 말하는 거라면 정체성(Identity)은 나만의 생각 · 가치 · 철학을 말한다. 우리는 늘 스스로에 대해 생각하며 살아간다. 난 어떤 사람인가, 남들에게 어떻게 비칠까, 어떤 사람이 되길 원하는가 등. 이런 물음이 모여 나와 나의 삶이 일치해갈 때 정체성은 서서히 스타일로 그 모습을 드러낸다. 예전에 이효리가 악어백을 선물 받았는데 누군가에게 주어야겠다는 말을 트위터에 올린 적이 있었다. 동물 보호에 앞장서는 그녀의 가치관에 어긋나기에 그랬으리라. 그녀는 사람들의 관심을 받아 자신의 콘텐츠(노래, 춤)를 비즈니스화하는 직업에 종사하고 있다. 나를 돋보이게 하는 요소 중의 하나로 그녀에게 외면은 아주 큰 부분이다. 하지만 그녀에겐 악어백을 들지 않아도 충분히 아름다울 수 있다는 자존감이 있었다. 그 일을 통해 나는 그녀가 자신의 생각 · 가치 · 철학과 외면을 일치시키려 노력하고 있구나, 정체성을 찾아가고 있구나 하는 생각을 했다.

앞에서도 잠깐 얘기했지만 안젤리나 졸리 역시 공식 석상에서 2만 원짜리 드레스를 입어 화제가 된 적이 있다. 늘 아름다워 보이고 싶고 스포트라이트를 받기를 원하는 여배우라면 누구나 명품 드레스, 유명 디자이너가 디자인한 드레스를 입고 화제에 오르기를 원할 텐데 그녀는 그러지 않았다. 물론 그렇다고 그녀가 매번 빈티지 샵에서 쇼핑을 하는 건 아닐 테지만 그 한 번으로 우리는 그녀의 가치관을 엿본 셈이다. 여배우가 2만 원짜리 드레스를 입어도 얼마나 빛날 수 있는지를 몸소 보여준 것이다. 그녀의 일탈(?)은 여기서 그치지 않는다. 12년간 세계 각국을 돌아다니며 난민들을 위해 봉사해온 그녀는 2005년 글로벌 인권 상을 받기도 했다. 브래드 피트와의 사이에서 낳은 세 아이와 함께 세 명의 아이를 입양해 키우고 있기도 하다. 난 그녀가 보여주기 위해 봉사와 입양을 하고 저렴한 드레스를 입는다고 생각하지 않는다. 그녀는 그냥 그녀가 하고 싶은 대로 살아갈 뿐이다. 그렇게 삶의 지향점에 따라 내면과 외면이 자연스럽게 드러나는 것이다. 그런데 여배우로서 그런 파격적인 행보가 일반적이지 않기에 주목을 받는 것이고, 그런 것에 아랑곳하지 않고 자기 갈 길을 가는 그녀가 그래서 더 멋있다. 여배우로서의 이미지뿐만 아니라 어머니로서 그리고 세계적인 봉사의 아이콘으로서 그녀의 앞날도 무척 기대되는 이유다.

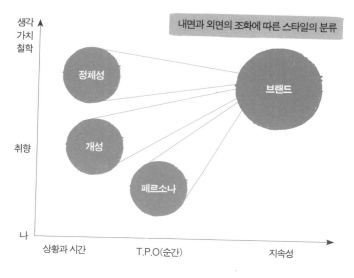

생각
가치
철학

내면과 외면의 조화에 따른 스타일의 분류

정체성

브랜드

취향

개성

페르소나

나

상황과 시간   T.P.O(순간)   지속성

- (이미지 + 체형) + 취향 = 개성
- (이미지 + 체형 + 취향) X TPO = 페르소나
- (이미지 + 체형 + 취향) X 나만의 생각 · 가치 · 철학 = 정체성
- (개성 + 페르소나 + 정체성) X 지속성 = 브랜드

(예: 싸이, 지드래곤, 노홍철, 낸시랭, 스티브 잡스, 앙드레김, 김어준, 안젤리나 졸리, 이효리, 이외수 등)

타인의 시선에서 벗어나지 않는 한 나만의 정체성을 옷차림에 내보이기는 쉽지 않다. 이효리의 소박한 결혼식도 30대에 들어서 농익은 그녀의 가치관에 많은 영향을 받은 것이라 생각한다. 많은 여성이 외적인 아름다움의 강박관념에서 벗어나 나만의 생각 · 가치 · 철학이 담긴 내적인 아름다움이 우러나는 스타일도 있다는 것을 알았으면 한다. 내면과 외면 하나만 중요한 것이 아니고, 젊음과 늙음이 아름답

고 추함으로 대치되지 않는다는 사실을 기억하고 우리가 진정 가져야
할 생각 · 가치 · 철학을 옷에 담아 조금은 자유롭게 빛났으면 한다.

personal styling

플러스알파,
효율성과 품질

지금까지 좋은 스타일을 내기 위한 4대 조건인 이미지와 체형, 취향, 페르소나에 대해 알아보았다. 여기에 옷의 효율성과 품질을 더하고 싶다. 한 번 입은 옷은 절대 다시 입지 않는다는 '패리스 힐튼'의 옷들이 아닌 이상 한 번 선택받았다면 일생(?)을 바쳐 수명이 다할 때까지 나를 표현해주는 것이야말로 옷의 사명이다. 그것이 바로 옷의 효율성이다. 또한 나의 진정한 가치는 내면에 의해 결정된다고 하더라도 그것을 표현하는 옷의 품질이 뒷받침해주지 않는다면 좋은 스타일이라고 할 수 없다.

옷을 구매하다 보면 문득 이런 생각이 든다. '이 옷의 감가상각비는 얼마일까?' 혹은 '이 금액을 주고 옷을 사서 얼마나 효율적으로 입을 수 있을까?'

엄청나게 부유한 사람이 아니라면, 아니 부자들조차 아무 생각 없이 옷을 사지는 않을 것이다. 하나를 사더라도 이 옷을 내가 얼마나 자주 활용해서 입을 것인지 빠른 두뇌 회전으로 결론을 내야 한다. 아주 저렴해서 한 철만 입겠다는 생각으로 사는 것이 아니라면 적어도 나의 체형과 이미지가 유지되는 한, 옷의 수명이 다할 때까지 입는 게 마땅하다고 본다.

티셔츠의 경우 좋은 것은 대략 3년을 입어야 한다. 또한 청바지(데님)라면 5년 이상은 입을 수 있다. 카디건은 어딘가 찢어지지 않고서야 3년 이상은 입을 수 있으며 재킷이나 코트는 오래 입으려고 사는 아이템이니만큼 베이직한 스타일은 5년, 시그니처 스타일은 3년을 생각하고 구매해야 한다.

하지만 '이거 예쁘다'로 시작되는 충동구매나 '이게 요즘 트렌드입니다'라는 말에 혹해 구매한다면 분명히 후회하는 순간을 맞게 될 것이다. 그러므로 쇼핑에 앞서 본인의 가치관과 경제관념, 감가상각비 등의 계산 능력까지 필요하다는 것이다. 쇼핑은 의외로 '힘겨운 노동'이며 몸만큼 머리도 빨리 움직여야 하는 '철저한 두뇌 게임'이다. 우리 주위에는 자신한테 어울리는 스타일이 무엇인지 잘 모르기에 쇼핑에 어려움을 겪는 사람도 있지만 스타일 이면에 숨어 있는 이런 디테일

한 계산까지 하는 것이 어려워 쇼핑을 피곤해하는 사람도 있다.

품질

동물은 털로 덮여 몸을 보호할 수 있지만 털이 없는 인간은 옷으로 몸을 보호할 수밖에 없다. 그러나 오늘날의 옷은 몸을 보호할 목적으로만 생산되지는 않는다. 이제 옷은 나를 드러내고 내가 어떤 사람인지 남들에게 알리기 위한 하나의 도구가 되었다. 이때 반드시 고려해야 하는 요소가 있는데 바로 품질이다.

흔히 '품질 좋은 옷'은 '비싸 보이는 옷'이라고 생각하곤 한다. 그러나 내가 말하는 '품질 좋은 옷'이란 비싸지 않더라도 입을 가치가 있는 옷, 즉 너무 허름하거나 저렴해 보여 사람의 가치를 떨어뜨리지 않을 정도의 옷을 가리킨다. 옷을 만들어내는 과정에서 금덩이를 사용하지 않는 한 그렇게 고가일 수 없으므로, 질적인 부분을 제대로 볼 줄 아는 감각만 키운다면 저렴한 옷으로도 있어 보이는 효과를 연출할 수 있다.

20대에는 질이 좀 떨어져 보여도 젊음 특유의 생기발랄함이 풍겨 나오기 때문에 품질에 많이 연연할 필요는 없다. 하지만 그럼에도 되도록이면 품질을 고려하라고 조언하고 싶다. 왜냐하면 확실히 저가의 옷보다는 공정 과정을 엄격히 거쳐 품질이 보증되는 브랜드 옷이 오래 입을 수 있고 질적인 면에서도 우수하기 때문이다.

30대의 의뢰인들에게는 묻지도 따지지도 않고 브랜드의 제품을 추천한다. 물론 내가 브랜드라는 관념에 사로잡혀 명품이나 비싼 옷이라면 맹목적으로 구매하는 것을 찬성하는 것은 아니다. 다만 브랜드 옷은 질적인 부분이 보장되기에 스타일 감각이 없는 사람으로서는 실패 확률을 낮출 수 있다는 뜻이다.

또한 30대는 20대와 비교해서 사회적으로 어떤 자리를 꿰차는 나이이기도 하다. 옷이 나를 대변할 일도 많아지므로 될 수 있으면 본인의 분위기를 잘 전달할 수 있을 정도는 되어야 한다. 여기서 말하는 본인의 분위기란 '뭔가 있어 보이는 특유의 퀄리티'가 내면과 외면에 같이 어우러져야 한다는 말이다. 옷차림이 남루하다고 해서 그 사람의 가치까지 깎아내려선 안 되겠지만 인상을 중시하는 우리나라 특성상 그러기가 쉽지 않다. 그러므로 품질이 좋은 옷을 선택하고 퀄리티를 갖추기 위해 노력하는 모습을 보이는 것은 중요한 일이다.

스타일
코치 톡

퍼스널 스타일은
영원하지 않다

퍼스널 스타일리스트로 활동하면서 처음에는 그 사람 고유의 스타일을 찾아주고 싶었다. 그리고 이미지와 체형, 취향을 스타일에 반영하는 것이 퍼스널 스타일을 찾는 방법이라고 생각했다. 하지만 일을 하면서 퍼스널 스타일만을 찾고 제안하다 보니 그 사람의 개성과 자기다움을 다 반영하기에는 부족하다는 생각이 들었다. 마치 넓은 초원을 놔두고 한구석에 있는 울타리에 갇힌 느낌이었다고나 할까.

곰곰이 생각해보면 10대 때는 끌리는 스타일이 있었다. 그때는 연예인에 열광했고 같은 학교 우상이 곧 스타일의 표본이기도 했다. 20대 역시 나에게 맞는 스타일보다는 친구들 사이에서 유행하는 스타일에 끌렸다. 그래서 길거리를 가득 메운 트렌디한 아이템을 하나둘씩 장만하곤 했는데 결국 오래 입는 옷은 하나도 없었다. 지금이야 내 스타일을 명확하게 알고 있기는 하지만, 앞으로 이 스타일만 고집한다고 생각하면 그것도 상당히 따분한 일이다.

얼마 전 머리를 자르기 위해 미용실을 찾았다. 중학교 때 이후로 커트는 한 번도 해본 적이 없고, 20대 이후로는 머리 길이가 턱선보다 짧았던 적이 없었다. 그런데 이상하게도 그날은 스타일에 변화를 주고 싶었다. 커트를 하러 왔노라 했더니 미용실 직원이 두상이 크다며 추천하지 않았다. 그럼에도 나에게 커트란 '한 번도 깨보지 않은 금기' 같은 것이었기에 더 해보고 싶은 마음이 들었다. 일주일 동안 고민한 끝에 결국 마음을 굳게 먹고 미용실을 다시 찾았다. 그런데 웬걸? 나의 비장한 결의가 무색하게도 미용실 직원은 커트가 너무 극단적인 변화라며 단발에 파마를 하라고 제안했다.

전문가의 의견이기에 받아들이기로 하고 장장 세 시간 동안 파마를 한 뒤 거울을 본 순간! 커트를 했어도 이 정도의 충격은 아니겠다고 생각될 만큼 충격적인 모습이었다. 기존의 심플하고 세련된 이미지를 추구하던 나의 헤어스타일은 온데간데없고 '자유로운 영혼' 이미지만 팍팍 풍기는 것이었다. 이 상황을 어떻게 해야 할지가 걱정이었다. 결국 헤어스타일을 다시 바꾸기보다는 바뀐 헤어스타일에 적응해보자고 마음먹었다.

반전은 주변 사람들의 반응에서 나타났다. 생각보다 잘 어울린다는 것 아닌가. 그 말이 진심인지 아닌지를 떠나서 색다른 변신을 한 용기를 긍정적으로 봐주어서 기분이 좋았다. 그렇게 본의 아닌 헤어스타일의 변화로 나의 이미지는 기존 궤도에서 이탈했지만 나름대로 순항하고 있다.

이처럼 본인의 취향이 있다고 해도 평생 그 스타일이 본인의 '퍼스널'을 단정 짓는다고 생각하면 안 된다. 한 가지 퍼스널 스타일을 찾았다 해도 계속 다양한 스타일을 시도해봐야 한다. 그러다 보면 31가지 맛의 아이스크림처럼 달콤한 스타일 구사가 가능하게 될 테니 그보다 만족스러운 결과는 없을 것이다.

한 가지 스타일만 추구하다 보면 다른 모습의 나를 발견하기 힘들다. '퍼스널 스

타일은 영원하지 않다'라는 명제는 그 자체로 맞는 말이며, 나아가 '영원해서도

안 된다'는 것이 내 생각이다.

5장

머스트해브

아이템 코디법

스타일링 방법

1. 기본 아이템 갖추기

2. 3가지 색 넘지 않기(같은 계열은 상관없음)

3. 명도와 채도에 따른 컬러 코디

4. 여러 색이 들어간 아이템과 단색 아이템 배치

5. 복잡한 패턴은 단순한 디자인과 배치

6. 핏과 비율을 살리는 스타일링

7. 포인트 주기

8. 레이어드

9. 믹스 앤 매치

personal styling

옷태를
살려주는 브라

여성은 제2차 성징이 나타나기 시작하는 초등학교 때부터 생을 마감하기 전까지 두 가지의 속옷과 평생 함께한다. 하나는 팬티, 하나는 브래지어다. 그럼 질문이 있다!

"당신의 속옷 사이즈는?"

여기서 팬티와 브래지어 사이즈를 모두 알고 있다면 완전한 성인이자 진정한 스타일링이 가능한 사람이다. 속옷 사이즈 중 한 가지만 알고 있거나 둘 다 모른다면 아직 청소년기에서 성인기로 넘어가지 못한 셈이다. 자신의 속옷 사이즈는 반드시 알고 있어야 한다. 나 또한 대학교를 졸업하기 전까지는 속옷 사이즈를 제대로 알지 못했다. 엄마가 사주는 속옷만을 입어왔기 때문이다.

스무 살 성년의 날을 맞이하면 대부분은 장미꽃과 목걸이, 키스를 기대한다. 하지만 그날 어엿한 성인으로서 자신에게 속옷을 선물하는 건 어떨까? 자연스레 속옷 사이즈도 알게 되니 좋지 아니한가? 예전에 키가 작은 연예인이 TV에 나와서 이야기하길, 엄마가 사다 주는 속옷만 계속 입었는데 알고 보니 자기가 중학교 때 입던 사이즈였단다. 결과적으로 키도 작고 왜소한 체격이 되는 데 조금이나마 영향을 주지 않았을까 하며 안타까워했다. 제대로 된 사이즈를 아는 것이야말로 자신의 체형에 자유를 주는 일이다.

특히 머스트해브 아이템으로 속옷이 중요한 이유는 여성의 체형을 더욱 돋보이게 하는 효과가 있기 때문이다. 하체는 77인데 상체는 66에다 가슴은 빈약한 여성을 스타일링한 적이 있는데, 상체와 하체의 극단적인 비율에다 빈약한 가슴까지 더해져 어떤 스타일링을 해도 만족스럽지 못했다.

도대체 무엇이 문제일까? 고민을 하던 중 그녀의 브래지어를 봤는데, 문제는 거기에 있었다. 브래지어가 해줘야 할 역할을 전혀 할 수 없는 제품이었던 것이다. 브래지어는 가슴을 잘 감싸주고 지탱해주는 두 가지 기능을 해야 한다. 그 의뢰인한테 브래지어를 바꾸는 것이 좋겠다고 제안해 그 자리에서 사이즈를 재서 가슴에 맞는 제대로 된 브래지어를 구매했다. 브래지어를 바꿔 착용하니 대번에 옷 태가 살아났다. 물론 어깨와 가슴이 더 당당해졌음은 말할 것도 없다.

여성의 가슴은 여성성의 상징이자 여성의 자존심과도 같은 부분이다. 그리고 모성의 상징이기도 하므로 다른 부위보다 더 특별하고 소중하게 다뤄야 한다. 하지만 많은 여성이 자신의 가슴 사이즈를 제대로 알고 있지도 못하거니와 가슴을 브래지어 컵 안에 감싸듯이 착용하는 법조차 모르는 것 같다. 그래서 더욱 신신당부하고 싶다. 직접 속옷 매장에 가서 마음에 드는 디자인을 골라 입어보고 만져보라. 그리고 그 속옷을 입은 자신의 모습에 심취해보라. 영국의 프로그램 인 〈트리니 앤 수잔나〉의 메이크오버 과정에서 반드시 거치는 순서 가 바로 나에게 맞는 속옷 찾기다. 체형이 돋보이게 옷을 입고 싶다 면 속옷부터 신경 쓰는 것이 옳다.

내 가슴에 딱 맞는 브래지어 //

컵과 끈이 분리되는 스타일보다는 브라의 와이어가 가슴을 안쪽 으로 감싸면서 끈으로 연결돼 자연스럽게 어깨까지 이어지는 디자인 을 선택하자.

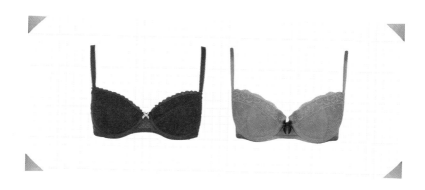

가슴이 작을 경우 //

작은 가슴에는 풀컵 대신 3/4컵 사이즈가 좋으며 브라 안에 패드 가 덧대어진 스타일이 보완에도 좋다.

가슴이 클 경우 //

가슴이 커서 고민이라면 풀컵 브라를 하는 것이 체형 보완에 좋다. 안쪽부터 바깥쪽까지 전체적으로 가슴을 감싸면서 올라가는 끈이 가슴을 잡아주고 지탱해준다.

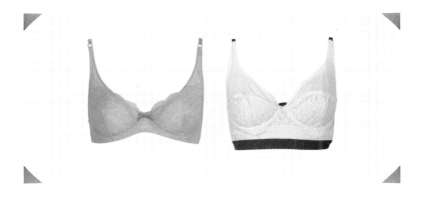

전에 다큐멘터리에서 브래지어 착용이 주는 효과에 대해서 다룬 적이 있다. 중력에 저항해 가슴을 힘껏 끌어올리느라 브래지어 끈이 어깨에 가하는 힘이 2킬로그램 정도라고 한다. 가슴의 곡선미를 나타내기 위해 속옷은 분명 필요한 아이템이지만 21세기 미인이라면 미와 건강 모두를 챙기는 것이 현명하다. 밖에서 생활할 때는 어쩔 수 없지만, 집에서 자유롭게 있을 때는 가끔 브래지어를 풀어 가슴이 숨을 쉬게 해주는 것도 필요하다.

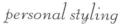
personal styling

천의 얼굴,
데님

리바이 스트라우스가 광산에서 일할 때 튼튼하다 하여 입기 시작한 멜빵 청바지가 리바이스 청바지로 다시 태어나 전 세계인이 열광하는 섹시 아이템인 데님이 되었다. 머스트해브 아이템으로 청바지를 꼽을 수밖에 없는 이유는 워싱으로 다양한 디자인이 생산되고 있기 때문이다.

이제 청바지는 단순히 블루 진이라는 개념이 아니라 다양한 컬러의 진으로 소비자를 유혹하고 있다. 핏 또한 다양한 체형에 맞게 좀 더 길어 보이고 날씬해 보이는 효과를 주어 컬러나 워싱에 따라 캐주얼함과 포멀함의 단계를 가뿐히 뛰어넘는 스타일링이 가능해졌다. 그래서 어떤 스타일링을 하느냐에 따라 천의 얼굴이 될 수 있는 것이 바로 데님이다.

나도 의뢰인에게 청바지가 없다면 하나쯤은 권하곤 하는데, 활용도가 무궁무진하기 때문이다. 티셔츠나 블라우스에 받쳐 입기도 좋고, 스키니 진이라면 짧은 원피스에 받쳐 입어도 멋스럽다. 일일이 열거할 수는 없지만 데님은 체형에 맞는 게 있다면 일단 갖춰두고 볼 일이다.

진의 종류에 따른 특징

나팔바지 ///

가장 날씬해 보일 수 있는 핏으로 모래시계처럼 가운데가 들어가서 상대적으로 세로를 강조하며 다리도 길어 보인다. 허벅지 가운데에 워싱이 들어간 제품은 원근감의 차이로 다리도 날씬해 보인다. 다리가 짧은 사람이나 O자형 다리를 가진 사람의 보완에 효과적이다. 허벅지가 굵은 사람에게는 워싱이 들어간 제품을 추천한다.

부츠컷진 ///

나팔바지의 진화 버전으로 종아리 부분이 좀 더 좁아 세련되어 보이면서도 날씬해 보인다. 나팔바지와 똑같은 효과를 주면서 체형 보완 효과가 훌륭하므로 여성들에게 권하는 스타일이다. O자형 다리나 다리가 짧은 사람, 허벅지와 종아리가 굵은 사람에게 추천한다.

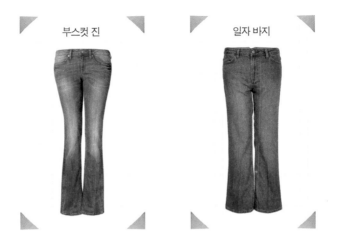

부스컷 진   일자 바지

일자바지 ///

예전에 통바지라고 불렸던, 골반부터 일자로 떨어지는 바지다. 날씬한 사람이 아니라면 보이는 그대로 통짜 다리라는 역효과가 날 수 있다. 세로가 짧을수록 가로로 두꺼워 보이면서 다리도 더욱 짧아 보인다. 요즘은 잘 나오지도 않지만 거의 추천하지 않는 스타일이다.

슬림 일자바지 ///

일자바지의 업그레이드 버전으로 내려갈수록 통이 살짝 좁아지는 스타일. 하이힐과 매치하면 여성스러운 느낌을 준다. 캐주얼한 분위기를 내고 싶다면 끝을 한두 단 접어서 롤업 진으로 입으면 좋다. 허벅지 가운데에 워싱이 들어가면 날씬해 보인다.

스키니진 ///

루즈 핏 상의와 입었을 때 배가 나온 체형이나 골반이 큰 체형을

슬림 일자바지   스키니 진   세미 스키니 진

커버해줄 수 있다. 허벅지부터 종아리까지 다리 라인에 완벽하게 붙는 스타일. 허벅지에 워싱이 들어가 있다면 보완 효과가 있으며, 종아리가 상대적으로 얇다면 효과는 떨어진다. 골반이나 허벅지가 두꺼운 사람, 다리가 짧은 사람에게는 추천하지 않으며 O자형 다리도 더 부각시킨다.

세미 스키니 진 ///

일반적으로 많이 입는 스키니 스타일로 스키니 진의 좀 덜 부담스러운 버전이라고 할 수 있다. 다리에 완전히 붙기보다는 그냥 다리 라인을 따라가는 스타일이다. 허벅지는 붙으면서 종아리는 일자 핏으로 떨어진다. 워싱이 없고 생지(진청)일수록 날씬해 보이고 세련돼 보인다. 돌싱(자연미를 강조한 워싱)에 큰 무늬가 들어갈수록 날씬해 보이는 효과는 떨어진다.

하이힐과 진의 만남 //

보통 진은 힐과 함께 매치했을 때
진정한 멋을 낼 수 있다고 한다. 신
체 비율에서 날씬해 보이고 길어 보
이는 효과를 주기 위해서는 마법의
굽이 필요하기 때문이다. 그러므로
진을 예쁘게 입고 싶다면 힐에 부츠
컷 진을 접어 매치하지 말 것. 또한
바지가 땅에 끌려 해지지 않도록 1

센티미터 정도 여유를 두고 수선을 해주자. 이런 조건들이 충족되면
힐의 마법으로 당당하고 날씬한 스타일을 낼 수 있을 것이다.

부츠컷 진이라면 구두를 가리므로 특별히 신경 쓸 것은 없으나 스
키니라면 구두가 보이는 발목 부분의 모양새에 따라서 느낌이 달라
진다. 진의 길이가 길어 발목을 가릴수록 다리가 길어 보일 수 있으
나, 가로 주름이 많다면 짧아 보이는 역효과가 나타난다. 스키니뿐
아니라 상의의 느낌에 따라 어떤 구두를 매치할지가 결정되므로 전
체 느낌과의 조화를 보는 것이 중요하다.

플랫 슈즈와 진의 만남 //

진은 플랫 슈즈나 운동화, 힐 어느 것과도 잘 어울리는 아이템이
다. 편하게 입고 싶을 때는 플랫 슈즈와 매치하면 된다. 다만, 스키니

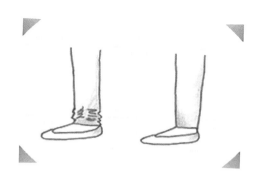

진을 입었을 때 진의 길이가 길어 주름이 많이 생기면 다리가 짧아 보이고 굵어 보이는 역효과가 날 수 있다. 주름이 생기더라도 한두 개 정도는 괜찮지만 그 이상은 수선해서 입을 것을 추천한다.

단점을 보완하는 진

키가 작은 여성

부츠컷을 입고 싶어도 키가 작을 경우에는 수선을 하고 나면 그 느낌이 없어져 버린다. 이런 경우에는 아예 나팔바지처럼 아랫단이 넓은 스타일을 입어보고 힐을 신었을 때 길이로 아랫단을 접어 수선하면 된다. 상대적으로 넓은 아랫단으로 부츠컷의 느낌을 살릴 수 있다. 직접 입어보고 수선

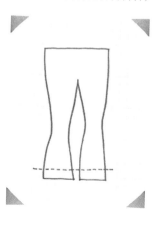

했을 때의 핏을 확인한 후에 구매하는 것이 좋다.

허벅지가 두꺼운 여성 ///////////////////////////////////////

허벅지가 두꺼운 여성에게 최적의 선택은 워싱이 들어간 부츠컷 진이다. 그림과 같이 허벅지 가운데에 밝은 색으로 워싱이 들어가면 대비 효과로 허벅지가 얇아 보인다. 다만, 워싱된 부분이 넓을수록 이런 효과는 떨어지므로 워싱된 부분을 꼼꼼히 따져봐야 한다.

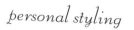

personal styling

날개를 달아주는
아우터

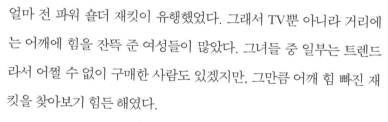

얼마 전 파워 숄더 재킷이 유행했었다. 그래서 TV뿐 아니라 거리에는 어깨에 힘을 잔뜩 준 여성들이 많았다. 그녀들 중 일부는 트렌드라서 어쩔 수 없이 구매한 사람도 있겠지만, 그만큼 어깨 힘 빠진 재킷을 찾아보기 힘든 해였다.

나는 이렇게 트렌드를 반영한 아이템을 선호하지 않는다. 왜냐하면 트렌드를 반영한 아이템은 트렌드 자체만을 위해 기획되고 판매되기 때문이다. 그러므로 트렌드가 지나감과 동시에 비트렌드, 즉 유행이 지난 '감 떨어진' 아이템으로 즉시 전락해버린다. 아무리 엄정화가 입고 김혜수가 입은 아이템이면 뭐하나? 그녀들에게 그 아이템은 협찬으로 반짝 입혀지고 더는 선택받지 못할 아이템일 뿐이다. 아우터는 트렌드를 적당히 반영하면서도 오래 입을 수 있는 스타일로 선택해야 한다. 가장 큰 이유는 아무래도 가격이 높을 수밖에 없기 때문이다.

가을과 겨울만 되면 다양한 디자인과 컬러의 아우터가 소비자를 유혹한다. 마치 '나를 선택한다면 뱃살은 모조리 가려주겠다'라며 나를 절대 배신하지 않겠다고 말하는 것처럼 보인다. 하지만 수많은 재킷을 가지기에는 우리의 지갑이 무겁지 않다. 아우터는 가을용 두 벌, 겨울용 세 벌 정도면 적당하다.

베이직 코트는 검은색이나 네이비, 베이지 등의 컬러로 거의 디자인이 들어가지 않은 심플한 스타일의 코트이며 시그니처는 나만의 개성을 살릴 수 있는 디자인의 '특별한' 아이템을 말한다. 보통 베이직 코트는 일상용으로, 시그니처 코트는 주말용으로 활용한다. 그리고 보온용 아우터는 추위를 막기 위해 필요한 패딩이나 사파리 등의 두꺼운 아우터를 이야기한다.

:: 가을용 아우터 ::

트렌치코트   가죽재킷

기본 자켓   트위드 재킷

:: 겨울용 아우터 ::

베이직 코트   시그니처 코트   보온용 아우터

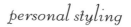
personal styling

간절기의 여왕,
카디건

내가 사랑해 마지않는 블랙 카디건은 망고 제품이다. 골반까지 오는 길이에 단추가 있고 단추 가운데는 리본으로 묶을 수 있는 끈이 붙어 있다. 나처럼 배가 나온 체형은 카디건에 단추가 3개든 5개든 간에 단추를 채우지 않고 오픈해서 입어야 볼록한 배를 드러내지 않게 된다.

4년 전 나는 그 카디건을 8만 원을 주고 샀다. 처음 가격을 봤을 때는 아무리 머스트해브 아이템이라 해도 선뜻 구입할 생각을 할 수 없었다. 하지만 검은색에다 앞에 끈이 달린 '특별해 보이는' 디자인이라 결국 지갑을 열었다. 그렇게 그 카디건은 장장 4년 동안 봄과 가을, 그리고 종종 겨울까지 나와 같이했다.

그렇게 닳고 닳을 정도로 함께했다면 질릴 만도 한데, 나는 지금까지도 그것보다 마음에 드는 카디건을 발견하지 못했다. 왜냐하면 앞에 리본이 달려 있어 활용도 면에서도 우수하고 검은색이라는 기본 컬러 역시 어떤 옷에 받쳐 입어도 좋기 때문이다.

봄여름에는 형형색색의 카디건이 물결을 이룬다. 긴 카디건과 짧은 카디건은 기본이요, 굵게 짠 것부터 촘촘한 짜임까지 저렴한 1∼2만 원대 카디건들이 선택을 기다린다. 사람들은 카디건을 단순히 간절기 아이템으로 보지만, 나에게 카디건은 감성을 자극하는 아이템 중 하나다. 블랙 카디건을 어깨에 걸쳤을 때 리본이 바람에 살짝 나부끼는 모습이란!

기본 카디건 ///

캐주얼 스타일로 활용도가 가장 높은 스타일이다. 패턴감이나 특별한 디자인 없이 전체적으로 한 가지 컬러로 된 제품이 많고 허리까지 오는 길이와 엉덩이를 덮는 길이의 카디건이 있다. 상체가 통통하다면 짧은 카디건보다는 긴 카디건을 추천한다. 볼레로 스타일의 카디건은 상체를 더 통통하게 보일 수 있다.

상의 대용의 카디건 ///

카디건은 이너로 티셔츠나 블라우스, 남방 등과 레이어드해서 많이 입는다. 목 부분까지 단추가 있는 디자인이라면 상의 대용으로 스커트나 바지 위에 매치해 입어도 좋다. 단, 신축성이 있기 때문에 글래머러스한 몸매의 소유자라면 벌어진 단추 사이로 19금이 펼쳐질 수 있으니 안에 탑 정도는 받쳐 입도록 하자.

디자인, 패턴이 들어간 카디건 //////////////////////////////////

심플한 스타일이 아니라 카디건 자체에 독특한 디자인이나 패턴이 들어간 아이템이 있다. 이것 역시 '기본 + 시그니처'라는 공식을 따라 하나쯤 가지고 있으면 좋을 아이템이다. 이렇게 화려한 카디건을 입을 때는 나머지는 심플한 스타일로 매치하는 것이 좋다.

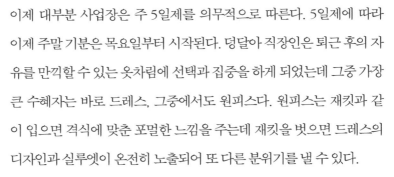

personal styling

전천후 스타일링,
원피스

이제 대부분 사업장은 주 5일제를 의무적으로 따른다. 5일제에 따라
이제 주말 기분은 목요일부터 시작된다. 덩달아 직장인은 퇴근 후의 자
유를 만끽할 수 있는 옷차림에 선택과 집중을 하게 되었는데 그중 가장
큰 수혜자는 바로 드레스, 그중에서도 원피스다. 원피스는 재킷과 같
이 입으면 격식에 맞춘 포멀한 느낌을 주는데 재킷을 벗으면 드레스의
디자인과 실루엣이 온전히 노출되어 또 다른 분위기를 낼 수 있다.

의뢰인 중 몇 명은 원피스를 한 번도 안 입어봤다며 나를 깜짝 놀
라게 만들기도 했는데, 그녀들에겐 반드시 제안한다. 여자로 태어나
서 행복하다는 기분을 느낄 수 있기 때문이다.

캐주얼 드레스 ///

편하게 입을 수 있는 드레스다. 자유로운 분위기의 직장이라면 출근복으로 입을 수도 있고 연인과의 데이트룩으로도 활용할 수 있다. 캐주얼 드레스는 때때로 청바지보다 훨씬 편하다.

포멀한 드레스 ///

상견례나 회사 프레젠테이션 혹은 갖춰 입어야 할 공식 석상에서 입는 드레스다. 일반적으로 튀거나 화려한 스타일보다는 깔끔하고 격식을 차린 듯한 디자인이 많다. 조금 자율적으로 바뀌고 있기는 하지만 결혼식에서 많이 볼 수 있는 스타일이다.

파티용 드레스 ///

우리나라에 파티 문화는 아직 생소하다. 하지만 오픈 마인드로 다양한 사람들과 교류를 즐기는 문화가 형성되면서 같은 코드를 가진 사람들과의 모임은 점점 증가하고 있다. 평소에는 시도하지 않았더라도 특별한 날, 특별한 모임, 특별한 사람들과 어울리는 자리라면 색다른 나의 모습을 뽐내보자. 약간의 화려함과 대범함을 추가해서 말이다.

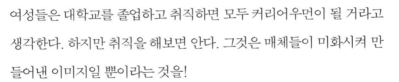

personal styling

커리어우먼의 **당당함,**
정장

여성들은 대학교를 졸업하고 취직하면 모두 커리어우먼이 될 거라고 생각한다. 하지만 취직을 해보면 안다. 그것은 매체들이 미화시켜 만들어낸 이미지일 뿐이라는 것을!

몇몇 업무 종사자를 제외하고 대부분은 워킹 우먼이 아니라 대학생일 때와 별반 다르지 않은 스타일을 유지하는 워킹 휴먼으로 살아간다. 청바지에 티셔츠, 그리고 어떤 물건도 다 담을 수 있을 것 같아 보이는 빅백은 그녀들을 XY염색체에서 멀어지게 하는 저주의 3단 콤보라 할 수 있다.

대학교를 졸업하고 신입사원으로 들어갔을 때는 신입사원으로서 풋풋하고 싱그러운 느낌을 줘도 좋다. 하지만 3년만 지나면(아니, 1년만 지나도) 똑같은 일상에 풋풋함이 숙성되어 퍽퍽함으로 변질되고 말 것이다.

그때는 스타일에 변화를 줘야 한다. 이때는 일에서도 '똑같은' 일 상을 '다르게' 받아들이는 연습을 하면서 고단한 시기를 잘 버텨야 하는 시기이기도 하다. 이럴 때 필요한 아이템이 바로 정장이다. 능력만으로 인정받아왔다면 이제 능력을 외적으로도 드러낼 필요가 있다. 혹은 능력을 인정받지 못했다면 스타일을 통해 외적 자신감이 내적 자신감으로 전이되는 경험을 해볼 차례다. 마치 미다스가 당신을 만진 것처럼 당신의 능력이 금빛 스타일로 빛날 수 있다고 상상해보라. 그것만으로도 정장을 입고 싶은 욕구가 솟구치지 않는가?

검은색(또는 네이비) 정장 바지, 스커트 ///////////////////////////

검은색(또는 네이비) 정장 바지와 스커트는 상의를 어떤 컬러로 매치해도 잘 어울리는 마법의 컬러이므로 세미 정장을 입을 일이 많은 여성이라면 하나씩은 가지고 있는 것이 좋다. 정장 바지는 슬림 핏으

로 떨어지는지를 잘 봐야 한다. 허벅지는 붙고 무릎부터는 일자 라인일 때 다리가 가장 길어 보인다. 스커트 역시 입었을 때 완전 H 라인이 아니라 허벅지 라인을 따라 살짝 슬림하게 안으로 들어가야(오목한 H 라인이랄까?) 몸매를 살릴 수 있다.

컬러가 있는 정장 바지, 스커트 ///////////////////////////////////

어두운 색 정장 바지와 스커트를 하나씩 갖췄으면 컬러가 있는 아이템을 하나씩 장만하는 것도 옷의 효율을 높이기에 좋다. 정장 바지는 슬림 핏 일자와 앞에 주름(다트)이 들어간 배기바지 스타일이 있다. 배가 나왔다면 배기바지는 피하는 것이 좋다. 주름 때문에 배가 도드라지고 하체가 더 통통해 보인다. 또 골반이 넓은 편이라면 밑으로 갈수록 좁아지는 라인 탓에 하체가 더 뚱뚱해 보인다.

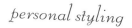

personal styling

여성미의 극대화,
블라우스와 셔츠

남성이 여성을 가장 섹시하게 느끼는 때는 언제일까? 로맨스 영화에 자주 등장하는 장면이 있다면 여 주인공이 남자의 셔츠를 입고 있는 모습이다. 물론 여기엔 여자와 '셔츠'만이 등장한다. 그런데 박시한 셔츠 속에 가려진 실루엣이 남성의 상상력을 자극해 그녀를 더욱 섹시하게 만드는 것이다.

이처럼 실루엣을 그대로 드러내지 않는 셔츠는 여성미를 극적으로 반감시켜 오히려 여성미가 부각되게 한다. 그렇다면 실루엣을 드러내는 블라우스는 어떨까?

나에겐 세 가지 느낌의 블라우스가 있다. 세로 스트라이프가 들어간 면 소재의 모던한 블라우스, 어깨에 퍼프가 들어간 하늘색 줄무늬의 귀여운 블라우스, 칼라 주위에 하늘하늘한 프릴이 들어간 우아한 실크 블라우스다. 각기 다른 이 세 가지 블라우스를 입었을 때 다른 이미지를 연출할 수 있다는 점도 좋지만 블라우스를 입음으로써 여성적 섹시미를 나타낼 수 있다는 점이 더 큰 장점이다.

어깨부터 가슴 그리고 옆구리로 내려오는 라인을 타고 나의 숨겨진 여성미를 발견할 때면 저절로 나르시시즘에 빠지고 만다. 이 나르시시즘은 기분 탓이 아니다. 실루엣을 어느 정도 드러내기 때문에 바짝 긴장하게 되어 당연히 가슴을 꼿꼿이 세우고 배에 힘을 주게 된다. 이처럼 블라우스는 과학적으로 여성미를 드러내는 아이템이다.

블라우스 //

앞섶에 프릴이나 디테일이 달린 디자인은 왜소한 상의를 보완하는데 좋다. 상체가 통통한 체형이라면 디테일이 최소화된 가운데 같은 스타일을 선택할 것을 추천한다. 새가슴이 콤플렉스라 상의 선택이 어려운 여성이라면 칼라 없이 민자로 떨어지는 스타일(맨 우측)보다는 칼라가 있어서 입체감이 있는 상의를 추천한다.

셔츠 //

셔츠의 기본 디자인은 매니시한 느낌을 줄 수 있다. 여성스럽고 귀엽게 변형된 디자인으로도 많이 나오며 실크나 새틴, 시폰보다는 면이나 스판 소재로 된 블라우스가 입기에 더 편하다. 활동성과 함께 깔끔해 보이고 싶다면 면 소재의 셔츠를 매치하는 것이 좋다.

티셔츠 ///

어떤 것도 걸리적거리지 않는, 쾌적함과 활동성이 주는 티셔츠는 남녀노소를 막론하고 캐주얼 차림에서 사랑받는 아이템 중 하나다. 티셔츠 역시 한 가지 이름으로 불리지만 라인이나 길이감에 따라, 혹은 넥의 모양이나 워싱 처리에 따라 느낌이 달라진다는 점에서 청바지와 닮았다. 그래서 청바지랑 잘 어울리는지도 모른다.

엉덩이를 완전히 덮는 스타일은 오히려 하체를 더 뚱뚱해 보이게 한다. 몸에 타이트하지 않으면서 엉덩이를 반 정도(가랑이 사이가 보일 정도)로 덮는 길이감이 좋다.

스카프와 매치할 때는 스카프가 목을 두르기 때문에 목만 보이는 라운드 티셔츠보다 쇄골 정도까지 드러나는 파인 티셔츠가 좀 더 멋스럽다. 티셔츠와 머플러 사이에 살이 보여 덜 답답해 보인다.

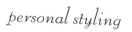

personal styling

좋은 곳으로
데려다 줘! 슈즈

드라마 〈꽃보다 남자〉에 나왔던 김현중의 여인 한채영은 정말이지 꽃보다 아름다웠다. 여신 같은 큰 키에 우아한 분위기. 그녀가 귀여운 블랙 드레스를 입은 구혜선에게 신발을 골라주며 했던 말을 혹시 기억하는가?

"좋은 구두를 선택해야 하는 이유는, 나를 좋은 곳으로 데려다 주기 때문이야."

거리를 걷다 보면 날씬한 여성들이 한껏 멋을 낸 뒤 10센티미터는 되어 보이는 킬힐을 신고 다니는 걸 흔히 볼 수 있다. 킬힐은 여성의 눈높이를 10센티미터나 높였다는 점에서 인기 있는 아이템일지 몰라도 좋은 신발은 아니다. 게다가 제대로 만든 킬힐이 아닌 게 많아서 요즘 킬힐은 정말 킬힐(건강 죽이는 신발)이 될 수도 있다. 인체공학적 설계에 따라 만들어진 힐이 아니라 저렴한 제작비로 생산되어 신으면 신을수록 굽이 비뚤어지는 신발은 그야말로 거리의 무법자다.

그렇게 비뚤어진 신발을 신고 다니는 여성이 꽤 많다. 단지 '싸다'는 이유만으로 골랐을 터인데, 힐과 같이 점점 틀어질 그녀들의 척추를 생각하면 안타깝기 그지없다. 좋은 신발을 신어야 하는 이유는 나를 좋은 곳으로 데려가는 것 외에도 건강한 미를 선물하기 때문이다. 무조건 싼 신발만 찾지 말고 싸면서도 체형을 건강하게 유지해줄 신발을 선택하자.

하이힐 ///

청바지만큼 섹시한 이미지를 줄 수 있는 아이템이다. 하이힐에 잘 어울리는 아이템은 청바지와 H라인 스커트 혹은 펜슬 스커트(힙과 허벅지 라인을 따라 내려오면서 좁아지는, 무릎을 살짝 덮는 길이의 스커트)와 잘 어울린다.

펌프스(중간 높이의 구두) ////////////////////////////////

힐보다는 낮은 4~5센티미터 굽의 구두로 높은 굽을 신기 어려운 사람들이 선택한다. 하이힐만큼 섹시해 보이거나 다리가 길어 보이지는 않지만, 그래도 힐과 마찬가지로 정장이나 청바지와 잘 어울리는 아이템이다. 단, 힐처럼 굽을 이용해 다리가 길어 보이는 효과는 적으므로 짧은 반바지나 짧은 스커트와 매치하길 권한다. 그러면 다리가 많이 드러나 시각적으로 길이가 길어 보이는 효과를 줄 수 있다.

플랫 슈즈 ///

때로는 캐주얼하게 때로는 모던하게 연출할 수 있는 신발로 굽이 거의 없는 구두를 말한다. 건강상의 이유로 굽이 있는 구두를 신지 못하는 사람들이 멋을 낼 수 있는 아이템이다. 나들이나 데이트 때 캐주얼 원피스와 매치하면 좋고, 출근용으로도 심플한 원피스와 매치해 편하면서도 세련된 오피스룩을 연출하기에 좋다.

샌들 //

여름에 신는 스트랩으로 디자인된 신발이며 짧은 반바지와 잘 어울린다. 여러 가지 변형된 디자인으로 꾸준히 사랑받고 있는 글래디에이터 샌들 같은 경우는 여성스러운 아이템(시폰 원피스나 짧은 청스커트, 하늘거리는 소재의 블라우스)과 믹스매치해도 잘 어울린다.

운동화 ///

어느 순간부터 패션 아이템으로 레벨업된 운동화. 예전에는 정말 운동용으로만 신었는데 워킹화로 각광받으면서 '건강하게 시크한' 느낌으로 되살아났다. 일반 짧은 청바지나 긴 청바지에 티셔츠 등으로 편하게 연출하여 '꾸미지 않은 듯 자연스러운 스타일'로 많은 여성에게 사랑받고 있다. 또한 글래디에이터 샌들과 마찬가지로 여성스러운 원피스랑 매치하거나 클래식한 아이템과 믹스매치해도 멋스럽다.

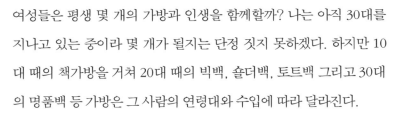

personal styling

자아와의 동일시,
가방

여성들은 평생 몇 개의 가방과 인생을 함께할까? 나는 아직 30대를 지나고 있는 중이라 몇 개가 될지는 단정 짓지 못하겠다. 하지만 10대 때의 책가방을 거쳐 20대 때의 빅백, 숄더백, 토트백 그리고 30대의 명품백 등 가방은 그 사람의 연령대와 수입에 따라 달라진다.

여성들은 유난히 가방에 집착한다. 오죽하면 화가 난 여자 친구를 달랠 때나 여성의 생일에 주는 선물 1위가 가방이겠는가? 아, 미안하다. 그냥 가방이 아니라 '명품' 가방이다.

남성들이 유독 차에 집착하듯이 여성들이 가방에 집착하는 이유가 무엇인지를 나는 어떤 라디오 프로그램을 통해 알았다. 남성들이 차에 집착하는 건 차가 곧 재력의 상징으로 비치기 때문이라고 한다. 재력의 가장 큰 상징은 집이지만 집은 들고 다닐 수 없으니 차가 곧 그 역할을 하는 것이다. 여성들이 명품 가방을 메는 이유는 그 가방이 자신을 대신해준다고 착각하기 때문이다. 100만 원짜리 가방이 나의 가치를 100만 원으로 만들고 200만 원짜리 가방이 나의 가치를 200만 원으로 만들어준다는 식이다. 이때의 가치는 남성들의 재력과 차이가 있다. 그 프로그램에서는 가방이 여성의 자궁을 상징한다는 말도 했다. 그래서 저 가치는 재력이 아닌 여성으로서의 가치를 말한다. 직장생활 1년 정도가 되었을 때 나도 명품을 산 적이 있다. 누구나 하나쯤 가지고 있기에 큰맘 먹고 샀는데, 그 가방을 멘 첫날 커피를 마시다 가방에 흘렸고 가죽에 묻은 커피 자국의 농도만큼이나 진한 아픔을 느꼈다.

하지만 여성성은 돈으로 환산할 수 있는 것이 아니다. 200만 원짜리 가방을 어깨에 걸쳤을 때 마치 다른 사람이 나를 200만 원의 가방은 충분히 소화할 수 있는 여성으로 봐주는 건, 그 가방을 내려놓았을 때 아무것도 아니게 된 나의 모습을 발견하는 것만큼 가슴 아픈 일이다. 가방은 모든 것을 담는 소중한 아이템이긴 하지만 여성성을 대표할 만한 물건은 아니다. 아무리 예쁘고 비싸고 마음을 훔친 가방일지라도 여성성을 대신할 수는 없기 때문이다.

숄더백 ///

큰 숄더백은 가지고 다닐 소지품이 많은 2030 여성이나 미시족들에게 유용하다. 작은 숄더백은 가벼운 외출이나 격식 있는 모임에 들고 다니기 좋다.

토트백 ///

정장이나 포멀한 스타일에 잘 어울리는 가방이 토트백이다. 직장 여성들에게 A4용지 크기의 물건이나 책 한 권 정도가 들어가는 토트백은 필수 아이템이다. 요즘은 토트백에 크로스 끈이 들어가 있어 활용도를 높인 제품도 있다. 하지만 이렇게 디자인될 경우 토트보다는 크로스로 매는 것이 낫거나 크로스보다는 토트로 드는 것이 나은 경우가 많다.

크로스백

캐주얼하면서 발랄하게 들 수 있는 크로스백 역시 캐주얼한 디자인 하나에 포멀한 디자인 하나가 있으면 활용도가 높아진다. 원피스나 청바지, 트렌치코트 등에 매치하기 좋으며 컬러감이 있다면 포인트로 스타일링하기에도 베스트 아이템이다.

personal styling

액세서리의 공식은
더하기가아니라 빼기

액세서리를 잘 활용하는 사람이 진정한 멋쟁이다. 패셔니스타들의 일상복을 보면 아이템 하나하나에 신경 쓰기보다는 한두 가지 액세서리를 신중하게 선택한다는 것을 알 수 있다. 여기서 액세서리란 옷 외에 걸치고 있는 모든 것이라 보면 된다. 목걸이, 귀걸이, 팔찌, 모자, 안경, 머플러, 벨트 등이 쉽게 접하고 활용할 수 있는 액세서리들이다.

내가 의뢰인들에게 가장 많이 추천하는 액세서리는 스카프나 머플러다. 쉽게 할 수 있으면서 단번에 멋쟁이로 등극할 수 있는 마법의 아이템이기 때문이다. 그런데 목걸이나 귀걸이, 팔찌 등은 옷에 따라 어울리는 게 다르므로 한 가지만 갖고 있어서는 제대로 된 스타일을 내기 어렵다. 원피스에 어울리는지 티셔츠에 어울리는지, 공식적인 옷차림인지 캐주얼한 옷차림인지에 따라 천차만별의 디자인이 되므로 스타일의 전체적인 조화를 봐야 한다.

그럼에도 봄가을에는 스카프로, 여름에는 팔찌로, 겨울에는 모자나 머플러 등으로 간단하게 스타일리시하게 만들어주는 게 바로 액세서리다. 물론 이 '간단히'라는 법칙을 유념해야 한다. 액세서리를 한꺼번에 너무 많이 착용하면 오히려 안 한 것만 못하기 때문이다. 액세서리를 착용할 때는 무엇을 더하느냐보다 무엇을 빼느냐가 중요하다.

액세서리별 착용법

모자 //

일반 티셔츠나 블라우스에 잘 어울린다. 물론 믹스매치 감각이 있는 사람이라면 원피스 위에도 매치할 수 있는 것이 모자다. 모자의 디자인이나 컬러에 따라 또 느낌이 달라진다. 그러므로 평소 입는 스타일을 잘 고려해 선택한다면 포인트용으로 멋스럽게 연출할 수 있다.

❶ 티셔츠나 캐주얼/포멀 블라우스에 매치

❷ 기본 재킷과도 잘 어울림

워피스와 잘 어울리는 스타일

평소 스타일보다는 야외/나들이용

목걸이 //

목걸이는 길이나 디자인에 따라서 어울리는 옷이 다르다. 짧은 목
걸이의 경우 펜던트가 없는 디자인은 어떤 옷차림에도 무난하게 연

긴 목걸이는 직선과 곡선의 만남이라 할 수 있을 때 자연스럽고 잘 어울린다. 1번과 같이
펜던트의 무게로 V자 직선이 생긴다면 라운드넥의 원피스나 티셔츠와 잘 어울리고, 2번
과 같이 둥근 곡선의 목걸이라면 남방처럼 직선이 강조된 아이템과 잘 어울린다.
3번과 같이 화려하고 세련된 목걸이는 포인트용으로 좋다. 파티나 행사장에서 원피스와
매치하자. 4번처럼 목에 거의 딱 붙는 라운드형 목걸이는 한 가지 컬러의 셔츠 안에 보일
듯 말 듯 은근하게 포인트를 주는 것이 멋스럽다.

출할 수 있으며, 펜던트가 있는 디자인은 펜던트가 옷 위로 오게 하는 것이 예쁘다. 이때는 상의의 디자인이나 컬러가 펜던트와 겹치지 않게 해야 한다는 점에 주의하자.

귀걸이 ///

귀걸이는 귀에 고정시키는 디자인과 고리로 거는 달랑거리는 디자인이 있다. 달랑거리는 디자인이나 컬러감이 있으면 활동적인 느낌을 준다.

귀걸이는 옷차림에 따라 그 느낌이 달라지는데 캐주얼한 디자인이라 하더라도 포멀한 차림에 잘 어울릴 수 있으며 심플하고 고급스러워도 캐주얼과 어울릴 수 있다.

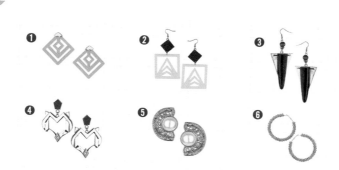

1) 위의 세 디자인이 아래 디자인보다는 상대적으로 캐주얼한 느낌
2) 발랄한 느낌을 주고 싶다면 컬러감이 들어간 1번을, 에스닉한 자유인의 느낌을 주고 싶다면 3번과 같은 디자인을 추천한다.
3) 귀걸이 하나만 더했을 뿐인데 정장이 확 살아난 느낌을 받아본 적이 있다면, 아마 이런 디자인 덕분일 것이다.
4) 메탈 느낌과 진주 큐빅의 고급스러움이 스타일에 세련됨을 더해준다.

선글라스 //

옷을 크게 신경 쓰지 않고 가볍게 입더라도 선글라스 하나만 잘 착용해주면 멋쟁이로 변신할 수 있다. 단, 조건이 있는데 자신의 얼굴형에 어울리는 선글라스를 골라야 한다는 것. 각진 얼굴형이라면 둥근 테가 좀 더 부드러워 보이게 하며 둥근 얼굴형이라면 약간은 각진 테가 얼굴형을 커버하기 좋다.

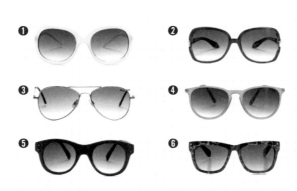

얼굴형을 커버하고 싶다면 얼굴형에 맞는 선글라스를 선택하는 것이 좋다. 동그란 얼굴형이 많은 한국인에게는 6번 테가 가장 잘 어울린다. 다만, 요즘은 개성에 맞게 선글라스를 선택하므로 본인이 원하는 스타일로 과감하게 시도해보는 것도 좋다.

스카프 //

여성들에게 스카프는 마법의 지팡이와도 같다. 밋밋한 옷을 입었다 하더라도 컬러풀한 스카프 하나로 엄청나게 달라 보일 수 있기 때문이다. 문제는 나한테 어울리는 강력한 스카프를 갖고 있느냐, 아니

매치했을 때 1~3번처럼 끝단이 세모가 된다면 정사각형 스카프다. 물론 직사각형 스카프도 이와 같은 연출이 가능하다. 4~6번처럼 끝단이 네모가 된다면 직사각형 스카프를 접어 연출한 것이다. 1~3은 남방 위나 재킷 안에 일자로 늘어뜨리는 스타일로 연출하는 것이 좋고 4~6번은 티셔츠 위에 캐주얼하게 혹은 재킷이나 트위드코트에 자연스럽게 연출하는 것이 멋스럽다.

면 해도 별로인 혹은 강력하게 안 어울리는 스카프를 갖고 있느냐다.

스카프를 갖고 있다 해도 후자라면 전혀 소용이 없으니 새로 장만해야 한다. 자신의 이미지가 동글동글 귀여운 쪽이라면 따뜻한 계열의 원색이나 파스텔을, 시원시원하고 모던한 쪽이라면 차가운 계열의 파스텔이나 회색 계열을 추천한다.

스카프에는 아주 짧은 쁘띠 스카프부터 정사각형 모양을 반으로 접어 스타일링하는 스카프와 직사각형을 두세 번 접어서 하는 스카프가 있다.

팔찌 //

팔찌는 소재가 무엇이냐에 따라서 느낌이 확 달라진다. 메탈 소재라면 시원하고 세련된 느낌이 강하며, 뱅글이라면 에스닉하고 자유로운 느낌이 들고, 천이나 플라스틱 소재의 컬러풀한 팔찌라면 발랄하고 생동감 있어 보인다. 어떤 기분을 내고 싶으냐에 따라 혹은 어떤 사람으로 보이고 싶으냐에 따라 선택하면 스타일에 더욱 자신감을 가질 수 있을 것이다. 또 사람마다 평소에 착용하는 디자인이 있기도 한데, 때에 따라 다른 팔찌를 해보는 것도 분위기 전환에 도움

1번과 2번은 메탈 소재가 들어가서 세련된 느낌을 줄 수 있다. 정장에 매치해도 잘 어울리며 캐주얼에 매치했을 때는 캐주얼함의 가벼운 느낌에 세련됨을 더할 수 있다.
3번과 4번은 일상 속에서 편하고 멋스럽게 연출할 수 있는 뱅글 형태의 팔찌다. 느슨하게 차면 자연스러운 맛을 주고, 팔 부분에 딱 맞게 고정시켜도 멋지다.
5번과 6번은 플라스틱과 천 소재로 좀 더 가볍고 발랄한 느낌을 준다. 이처럼 팔찌에 컬러가 들어갈 때는 옷의 컬러와는 다르게 매치하는 것이 좋다. 컬러를 맞추는 것은 자칫 촌스러워 보일 수 있다.

이 된다. 예를 들어 여름에는 원피스나 민소매/탑 등에 시원한 느낌의 팔찌를 더하면 포인트용으로 훌륭하다.

액세서리의 조화

액세서리 스타일링의 기본 ///////////////////////////////////

스타일링에 활용할 수 있는 액세서리를 부분별로 나누면 다음과 같다.

- 모자/헤어핀: 머리
- 선글라스: 눈
- 귀걸이: 귀
- 목걸이/스카프: 목
- 팔찌: 팔

같은 수평선 안에 걸쳐지는 액세서리는 하나만 할 것을 추천한다. 예를 들어 선글라스와 귀걸이는 같은 선상에 있기 때문에 자칫하면 너무 과한 느낌이 든다. 두 가지 모두를 하고 싶다면 귀걸이는 한 듯 만 듯한 느낌의 큐빅 같은 아이템을 해주는 것이 좋다.

얼굴(목까지 포함)에 착용하는 잡화는 '2개까지'가 좋으며, 주얼리만 할 경우 시선을 분산해 포인트를 줄 수 있는 귀걸이＋팔찌, 목걸이＋팔찌의 조합이 좋다. 그렇지만 각 주얼리의 종류가 다른 느낌(예컨대 금속과 비금속)이라면 괜찮을 수 있다.

액세서리 착용은 대개 다음을 기본으로 한다.

- 잡화1 + 주얼리, 잡화+잡화, 주얼리 + 주얼리
- 잡화2 + 주얼리, 주얼리 2 + 잡화
- 잡화2 + 주얼리 2

이 수준을 넘어가면 과해지며, 특히 초보자라면 '잡화 1 + 주얼리 1'부터 시작할 것을 추천한다. 적게 매치해서 최대의 효과를 주는 스타일링이 가장 좋다. 잘 모르겠으면 매치하여 모두 착용해본 뒤에 하나씩 빼보는 것도 좋은 방법이다. 어느 수준이 좋을지를 감으로 알게 된다.

다 착용해본 뒤에 하나씩 빼볼 것!

모자 + 선글라스 + 귀걸이 + 스카프 + 팔찌에서   1) 선글라스 + 스카프 + 팔찌
　　　　　　　　　　　　　　　　　　　　　　　　　→ 잡화 2 + 주얼리 1

2) 모자 + 귀걸이 + 스카프　　　　3) 모자 + 선글라스 + 팔찌
　 → 잡화 2 + 주얼리 1　　　　　　　 → 잡화 2 + 주얼리 1

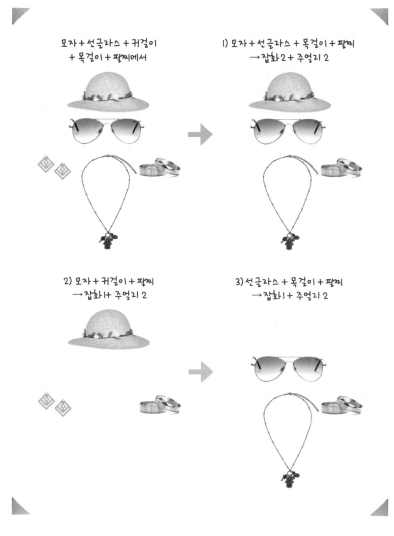

모자 + 선글라스 + 귀걸이
+ 목걸이 + 팔찌에서

1) 모자 + 선글라스 + 목걸이 + 팔찌
→ 잡화 2 + 주얼리 2

2) 모자 + 귀걸이 + 팔찌
→ 잡화 1 + 주얼리 2

3) 선글라스 + 목걸이 + 팔찌
→ 잡화 1 + 주얼리 2

과하지 않게 할 것!

1) 모자 + 목걸이
→ 잡화 + 주얼리 1

2) 귀걸이 + 스카프
→ 잡화 + 주얼리 1

3) 목걸이 + 팔찌
→ 주얼리 2

4) 귀걸이 + 목걸이
→ 주얼리 2

5) 모자 + 선글라스
→ 잡화 2

6) 모자 + 스카프
→ 잡화 2

personal styling

머스트해브 아이템을
활용한 일주일 실용 코디

누누이 말하지만 엄청나게 많은 옷을 가지고 있으면서도 매번 옷장 앞에서 고민에 빠지게 되는 이유는 옷이 없어서가 아니라 필수 아이템이 없어서다. 덩달아 옷을 매치하는 감각의 부족도 한몫하긴 한다.

하지만 좌절하지 말자. 연습이 대가를 만든다는 말은 스타일링이라 해서 예외가 아니다. '시도 → 확인 → 실패 또는 성공'의 무한 반복이 당신을 조금씩 앞으로 나아가게 해줄 것이다.

최적의 아이템으로 일주일 코디가 어떻게 가능한지 한번 따라 해보자.

먼저 준비물이 있다. 많은 여성이 옷장에 하나쯤은 가지고 있는 아이템인 청바지, 정장 바지, 블라우스, 티셔츠, 카디건, 아우터, 플랫 슈즈, 하이힐, 가방 두 개를 준비하자. 그런 다음 이것들이 당신의 일주일을 책임질 수 있겠는지 코디해보자. 이 시뮬레이션을 거치고 나면 그간 당신의 쇼핑이 성공적이었는지에 대해서도 대략 답이 나올 것이다.

시뮬레이션은 주중과 주말을 따로 생각해서 진행하자. 특히 주말은 일하면서 드러내지 못했던 나의 개성 혹은 여성스러움을 뽐내는 시간이기도 한 만큼 사회적 역할이나 나이 등을 잊고 과감히 도전해 보는 것도 좋다.

월요일 ///

"상큼한 코발트블루의 가방과 플랫 슈즈만 있으면 월요병도 문제 없지!"

재킷을 가죽재킷이나 테일러드 블랙 재킷으로 바꿔도 좋다.

● 스타일링 포인트 1: 청바지는 티셔츠나 블라우스 등 대부분 상의와 잘 어울린다.

● 스타일링 포인트 2: 티셔츠의 길이와 재킷의 길이를 맞춰주는 것이 중요! 아우터의 끝단이 어디까지 오느냐에 따라 키가 커 보일 수도 있고 작아 보일 수도 있기 때문이다. 아우터 가위의 사진과 같은 길이라면 이너가 아우터의 길이를 넘지 않아야 한다.

화요일 ///

"봄 느낌을 내는 데 머플러만큼 효과적인 게 있을까?"

트렌치코트와 어울리는 머플러를 해주면 더욱 화사한 스타일로 변신할 수 있다.

- 스타일링 포인트 1: 컬러 포인트는 보색 대비처럼 극단의 컬러가 만났을 때 가장 두드러진다. 하지만 검은색이나 흰색, 회색 등의 무채색에는 원색감에 가까울수록 포인트가 된다. 이 점을 잘만 활용하면 패셔니스타 부럽지 않을 수 있다. 검은색 트렌치코트에 살구색 머플러처럼 말이다.

- 스타일링 포인트 2: 집을 나설 때 현관 앞에 있는 커다란 거울 앞에 서 보자. 거기에서 본인의 룩을 점검하는 것이다. 전체 룩에서 컬러가 세 가지가 넘는다면 조화가 깨질 수 있다. 단, 감각이 있는 경우에는 열 가지 컬러를 써도 좋다.
  - 무채색 계열: 티셔츠, 트렌치코트
  - 파란색 계열: 가방, 청바지
  - 분홍색 계열: 구두, 머플러

수요일 ///

"가벼운 미팅이 있는 날이니 커리어우먼 룩에 행운의 가죽가방을 들어줘야지!"

이너로 티셔츠 외에 블라우스나 셔츠를 매치해도 되고 티셔츠 위에 카디건을 입어도 좋다.

- 스타일링 포인트 1: 시크한 느낌의 무채색 계열에 컬러 포인트와 액세서리 포인트를 주면 전체적인 룩의 느낌이 밝아진다.

- 스타일링 포인트 2: 가장 쉬운 컬러 포인트는 구두나 가방을 이용하는 것이다. 룩은 단조롭게 입되 구두와 가방에 포인트를 주는 것도 멋진 방법!

"프레젠테이션은 언제나 떨리지만 분홍색 하이힐을 신고 자신 있게 하는 거야."

바지와 블라우스에 얌전한 컬러의 재킷을 매치하고, 가방이나 하이힐로 포인트를 주면 멋스러운 스타일링이 된다.

- 스타일링 포인트 1: 단색의 아이템에 패턴이 있거나 컬러감이 있는 조금 화려한 아이템을 매치하면 멋스럽다.
- 스타일링 포인트 2: 컬러가 많이 사용된 한가지 아이템과는 그 아이템에 들어간 컬러에 맞는 아이템을 매치하는 것이 잘 어울릴 확률이 높다. 블라우스에 있는 무늬의 붉은 컬러가 분홍색 구두와 같은 계열이다.

"친구들과의 만남은 언제나 즐거워. 모두 열심히 살아가는 모습을 보면서 힘을 얻곤 해."

스타일링의 또 한 가지 묘미는 정답이 없다는 것이다. 이 점을 염두에 두고 여러 가지를 시도해보자.

● 스타일링 포인트 1: 플랫 슈즈는 캐주얼에만 어울린다는 편견은 버리자. 잘 찾아보면 정장에 매치해도 잘 어울리는 플랫 슈즈도 얼마든지 있다.

● 스타일링 포인트 2: 플랫 슈즈를 신을 때 청바지와 정장 바지의 길이는 9부나 10부가 가장 적당하다. 물론 배기바지처럼 길이가 길더라도 발목에서 잡아 줘서 플랫 슈즈의 모양을 가리지 않는다면 괜찮다.

토요일 //

"가슴 설레는 이벤트가 있는 날, 오늘 소개팅은 꼭 성공하고 말겠어!"

평소의 이미지에서 강조하고 싶은 이미지를 더 부각시키자. 당신은 프리티, 페미닌, 모던 중에서 어느 쪽?

● 스타일링 포인트: 소개팅에서의 스타일링 포인트는 나의 여성성을 어떻게 하면 가장 어필할 수 있을까 하는 것이 관건이다. 내게 가장 자신 있는 곳을 드러내는 스타일을 알아두자.

"이번 휴가엔 좀 과감해지자. 어떤 스타일을 도전해볼까?"

스타일만으로도 해변의 분위기가 물씬 풍기는 여인이 되어보자.

● 스타일링 포인트 : 휴가는 시원해 보이는 룩과 그 룩을 돋보이게하는 뱅글 같

은 액세서리로 포인트를 주면 끝! 내가 과연 소화할 수 있을까 하는 고민에서

벗어나 한번 해 보면 별 것 아니라는 것을 금방 알 수 있을 것이다.

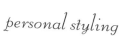

personal styling

초보자를 위한

아홉 가지 팁

기본 아이템 갖추기

노란색의 데님이 포인트가 되며, 흰 셔츠와 줄무늬 니트를 겹쳐 입음으로써 다른 느낌을 낼 수 있다.

흰색 셔츠와 줄무늬 니트 그리고 플랫 슈즈와 크로스백, 데님.

누구나 하나쯤은 가지고 있는 기본 중의 기본 아이템들이다. 멋지고 화려한 아이템들을 사 모으는 것도 스타일링에 도움이 되겠지만 가장 중요한 것은 기본 아이템을 갖추고 있는가 하는 것이다. 기본기는 무림 고수들에게만 중요한 게 아니다. 스타일링에서도 그렇다.

하나의 룩에 색은 세 가지 이하로

원피스에는 여성스러운 구두만 어울린다는 편견을 버리자. 모던한 옥스포드 슈즈도 은근히 어울린다. 원피스와 궁합이 잘 맞는 아우터 아이템은 청재킷과 가죽재킷 대표적이다. 원피스의 여성스러움과 재킷의 유니섹스적 캐주얼함이 잘 어울리기 때문이다.

스타일 초보자들에게 흔한 실수가 한 가지 아이템에 이미 세 가지 색이 들어갔는데도 다른 컬러와 매치해 입는 것이다. 컬러에 대한 감각이 여간 뛰어나지 않다면 한 아이템에 세 가지 색깔이 들어간 것은 왠지 혼란스럽고 촌스러워 보일 확률이 높다. 옷을 입을 때 다른 계열의 컬러가 세 가지를 넘지 않도록 하는 것이 실패를 줄이는 스타일링 방법이다.

같은 계열 컬러는 무난한 연출에 좋다

흰 블라우스와 머플러, 구두가 무채색으로 같은 계열이며 스카이블루와 옅은 베이지색 카디건이 명도와 채도가 비슷해 잘 어울린다.

컬러 매치가 어렵다면 같은 계열로 맞추자. 그러면 평균은 간다. 흰색, 회색, 검은색처럼 같은 컬러이면서 명도가 다를 경우 잘 어울린다. 또 채도가 낮은 파스텔 컬러끼리 잘 어울리는 것처럼 채도가 비슷할 때에도 쉽게 조화를 이룬다.

혼합색 아이템의 컬러 매치

티셔츠는 스커트 안에 자연스럽게 넣어서 입는다. 주름 스커트는 웬만큼 마르지 않고는 뚱뚱해 보일 수 있는 아이템이므로 체형 보완 효과보다는 그냥 '개성 표출용'으로 입을 것을 추천한다.

한 가지 아이템에 여러 가지 색깔이 들어 있다면 나머지 아이템은 혼합색을 가진 아이템의 색깔에 맞춰 입는 것이 잘 어울린다. 점퍼의 플라워 프린팅을 보면 흰색과 붉은색, 남색 계열이 들어가 있다. 무채색을 같은 계열이라고 하는 것처럼 점퍼의 흰색이 회색 티셔츠 그리고 검은색 구두와 조화를 이룬다고 생각하면 된다. 그런 다음 점퍼의 붉은 기운이 티셔츠 안의 분홍색, 스커트의 컬러와 조화를 이루고 있으며 티셔츠의 프린팅에는 파란색도 포함되어 있다. 이처럼 복잡한 패턴에 들어가 있는 컬러는 그 외 아이템의 컬러와 잘 매치시켜야 어울리기 쉽다.

복잡한 패턴은 단순한 디자인과

반바지에 세 가지 컬러(붉은 계열, 녹색 계열, 흰색)가 사용되었기 때문에 상의는 파스텔 그린이나 분홍색으로 입어도 잘 어울린다.

복잡한 패턴의 아이템은 단순하고 심플한 아이템과 매치하면 잘 어울린다. 한곳이 화려하면 나머지는 심플해야 전체적인 룩에서 안정감이 있으면서 꾸미지 않은 듯 멋스럽기 때문이다. 하의가 화려하면 상의를 심플하게, 상의가 화려하면 하의를 심플하게, 이너가 화려하면 아우터를 심플하게 해준다.

황금 비율로 길어지고 날씬해지기

다리가 길게, 키가 평균 이상으로 태어났다면 얼마나 좋을까. 하지만 이제는 자신을 받아들이고 어떻게 하면 비율에 착시 효과를 줄 수 있는지에 대해 연구하자. 맥시 드레스가 키가 커 보이는 이유는(너무 왜소할 경우엔 그렇지 않음) 허리를 기준으로 혹은 엠파이어 라인을 기준

원피스 자체에 포인트가 되어주는 가운데 목걸이 같은 솔이 세로를 강조해 좀 더 슬림해 보이는 시각 효과를 준다. 상의가 통통한 사람들이 목걸이나 스카프 등으로 세로를 강조해 체형을 보완하는 것이 바로 그런 것이다.

으로 상의와 하의의 비율을 나눠주기 때문이다. 우리의 두뇌는 어디를 기준으로 상의와 하의가 나뉘었는지에 따라 그 사람의 다리 길이를 판단하며, 다리 길이가 길어 보이면 자연스레 키까지 크다고 인식한다.

그러므로 옷을 입을 때는 상의나 하의, 아우터가 나의 허리선을 제대로 살리고 있는지(기준점을 낮게 잡지는 않는지)를 보아야 한다.

쉽지만 강력하다, 포인트!

전체 룩을 봤을 때 한 군데에 시선을 집중시킬 수 있도록 스타일링하는 방법이다. 〈주유소 습격사건〉에서 무대뽀가 17:1로 붙어도 이길

클래식한 재킷은 물론 클래식하게 입으면 우아하고 조신하고 품위 있어 보이겠지만 자칫 나이 들어 보일 수도 있다. 그럴 때는 화사한 컬러나 액세서리를 이용해 포인트를 주면 확력을 더할 수 있다. 여기선 분홍색 구두와 목걸이로 포인트를 주었다.

방법으로 '한 놈만 패'를 이야기했던 것처럼 스타일링을 할 때 '한곳만 공략' 해도 고수가 될 수 있다. 액세서리나 컬러, 독특한 패턴이나 디자인으로 시선을 모으는 스타일링이다. 한곳만 튀게 입는 것, 생각보다 어렵지 않으니 자신감을 갖고 시도해보자.

밋밋한 아이템에 활력을, 레이어드

여러 가지 아이템을 겹쳐서 입는 방식이 레이어드다. 보통 흰 티셔츠에 카디건, 그 위에 아우터를 겹쳐 입는 형식이나 티셔츠에 남방을 걸치고 그 위에 재킷을 입는 형식으로 많이 한다. 두 가지 이상의 아이템을 겹쳐 다른 느낌을 내는 것이므로 뚱뚱해 보일 것이라고 지레짐작하지 말고 마구마구 시도해보자.

다리가 짧거나 허리가 긴 체형일 경우 짧은 상의 안에 민소매를 받

짧은 니트 안에 이너로 민소매 탑을 매치함으로써 컬러 대비로 색다른 느낌을 줬다.

쳐 입으면 체형 보완에 좋다. 허리 기준을 실제 허리보다 높게 잡아 주기 때문이다. 예전에 허리가 길고 다리가 짧은 의뢰인으로부터 굽이 없는 신발을 못 신는다며 고민하는 얘기를 들었는데, 스커트뿐 아니라 청바지도 이런 식으로 입으면 플랫 슈즈나 스니커즈를 충분히 신을 수 있다.

언밸런스 속 밸런스를 찾아주는 믹스&매치

다른 느낌의 아이템을 섞어 매치함으로써 새로운 느낌을 내는 스타일링을 말한다. 보통 '캐주얼+클래식/포멀', '페미닌+매니시/와일드'로 섞인다.

● 캐주얼+클래식/포멀: '트렌치코트+청바지 또는 캐주얼 스커트', '트위드재킷+반바지 또는 캐주얼 스커트', '트렌치코트+운동화', '옥스포드 슈즈+청바

페이즐리 문양은 여성스러우면서 고급스러운 느낌을 준다. 여성스러운 페이즐리 무늬가 캐주얼 스커트에 사용되어 독특한 느낌을 주고, 거기에 다시 캐주얼하고 매니시한 야구점퍼와 운동화를 매치함으로써 믹스&매치 스타일을 완성했다.

지', '테일러드 재킷+청바지', '드레스셔츠+청바지'

● 페미닌+매니시/와일드 : '여성스러운 블라우스+슬림 핏 정장 바지', '시폰 원피스+가죽재킷', '시폰 원피스+글래디에이터 슈즈'

이 밖에도 캐주얼, 클래식, 포멀, 페미닌, 매니시, 레트로 등의 여러 가지 다른 느낌을 섞어 스타일링하는 것을 모두 믹스앤매치 스타일링으로 본다. 운신의 폭을 좁게 하는 틀(기준)이 없어야 자유롭게 스타일링이 가능한 방법이기에 가장 난도가 높지만, 그렇기에 가장 매력적인 스타일링 방법이기도 하다.

흰 셔츠
완전정복

1. 스커트와 입는다.

2. 바지와 입는다.

3. 반바지와 입는다.

4. 다양한 아우터와 매치한다.

5. 다양한 니트와 레이어드한다.

6. 다양한 머플러와 매치한다.

6장

그녀들,

달라지다

스타일 코칭
의뢰인
설문조사

notes 21 | 의뢰인 성비

notes 22 | 의뢰인 연령대

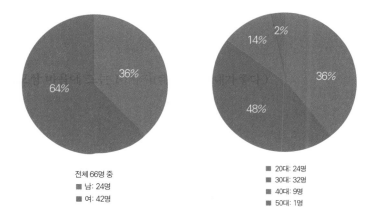

64%

36%

전체 66명 중
■ 남: 24명
■ 여: 42명

2%

14%

48%

36%

■ 20대: 24명
■ 30대: 32명
■ 40대: 9명
■ 50대: 1명

notes 23 | 의뢰 이유(복수 응답)

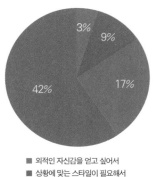

3%

9%

42%

17%

■ 외적인 자신감을 얻고 싶어서
■ 상황에 맞는 스타일이 필요해서
■ 똑같은 스타일만 입어서 지겨움
■ 나에게 맞는 스타일을 찾고 싶어서

스타일 코칭 의뢰 이유로는 나에게 맞는 스타일을 찾고 싶어서가 가장 많았다. 아무래도 외적으로도 나를 표현하고 개성을 찾고자 하는 니즈가 반영된 것이 아닌가 싶다. '나'에 대한 인식이 중요해지면서 스타일적으로도 나에게 어울리는 것이 무엇인지 알고자 하는 욕구가 상승한 것이다.

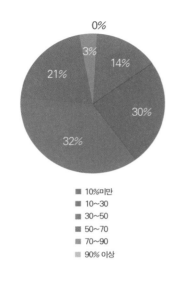

0%

3%

14%

21%

30%

32%

- 10%미만
- 10~30
- 30~50
- 50~70
- 70~90
- 90% 이상

30~50%라는 대답이 가장 높은 비율을 보였고 10~30%가 그 다음으로 높았다. 76% 정도의 의뢰인이 자기 스타일에 평균 이하로 만족한다는 답변을 주었다. 20대 때부터 자기 스타일을 찾는 꾸준한 시도를 통해 내가 원하는 모습, 나에게 맞는 스타일을 찾지 못한 결과일 것이다. 이 질문을 통해 많은 분들의 외적인 부분에 대한 개선 의지를 느낄 수 있다.

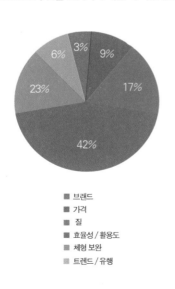

3%

6%

9%

23%

17%

42%

- 브랜드
- 가격
- 질
- 효율성 / 활용도
- 체형 보완
- 트렌드 / 유행

42%에 이르는 많은 이들이 옷을 보거나 구매할 때 효율성/활용도가 가장 중요하다고 답변했다. 20~30대의 직장인들이 활용도를 많이 보았고, 남자보다는 여자들이 체형 보완이라고 응답한 비율이 높았다. 30대 후반에서 40대가 넘어갈수록 질적인 부분도 고려한다는 답변이 높았다. 전반적으로 트렌드/유행 또는 브랜드는 답

변율이 높지 않았다. 최대한 활용도가 높은 아이템을 선호하며 '실용'적인 쇼핑이나 스타일을 추구하는 움직임을 볼 수 있다.

notes 26 | 쇼핑은 주로 어디서 하는지?(복수 응답)

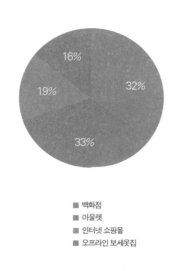

■ 백화점
■ 아울렛
■ 인터넷 쇼핑몰
■ 오프라인 보세옷집

백화점과 아울렛의 답변율이 비슷했고, 그다음으로 인터넷 쇼핑몰과 오프라인 보세옷집도 많이 이용한다고 답변했다. 20대일수록 인터넷 쇼핑몰이나 오프라인 보세옷집이 많았고, 직장인은 백화점과 아울렛, 인터넷 쇼핑몰을 두루두루 답했다. SPA 브랜드가 점점 많아지면서 트렌디하면서도 실용적인 SPA 브랜드의 구매율도 크게 늘어나고 있음을 보여준다.

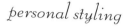

personal styling

왕따의 상처를 스타일로
치유한 10대 그녀

그녀는 빈티지하면서도 헐렁한 청바지, 해진 스니커즈 그리고 캐릭터가 그려진 후드 티를 즐겨 입는 열아홉 살의 검정고시 준비생이었다. 앞머리가 눈썹을 가릴 정도로 길어서 눈을 볼 수가 없었다. 더군다나 약간 구부정한 어깨 때문에 더욱 소극적으로 보였다.

스타일 코칭을 하기 전에 이야기를 나눠보면 사람들은 자신의 이야기를 의외로 솔직하게 털어놓는다. 왜냐하면 자신의 스타일 문제가 단지 외적인 것에 국한되어 있는 것이 아님을 알기 때문이다. 아니나 다를까 그녀는 중학교 때 왕따를 당한 경험이 있어서 자신감이 많이 떨어진 상태였다.

동그란 얼굴과 눈을 가진 귀여운 그녀의 고민은 '중학생' 같아 보이는 스타일에서 벗어나고 싶다는 것이었다. 우선 헐렁한 바지와 티부터 벗어던지기로 했다. 원피스를 한 번도 안 입어봤다는 그녀에게 어깨끈이 달려 반팔 티셔츠와 레이어드해 입을 수 있는 발랄한 원피스를 추천했다. 또한 귀여운 눈동자가 잘 보일 수 있도록 앞머리를 짧게 잘라 답답한 느낌을 없앴다. 그녀는 체형을 알 수 없는 힙합 걸에서 원피스로 몸매를 시원하게 드러낸 발랄한 여고생으로 변신했다. 그 후 2년이 지난 지금 그녀는 대학에 합격해 꿈에 그리던 캠퍼스 생활을 즐기고 있다.

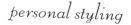

personal styling

주부로서가 아니라 나를
찾고자 한 40대 그녀

지방에 살고 있는 40대 여성분에게 전화를 받았다. 당시 스타일 코칭 4주 과정을 새로 만들어서 준비 중이었는데 4주 과정을 수강하고 싶다고 했다. 그리고 한편으로 이 직업에 관심도 있다고 했다. 그렇다면 지방 출장도 가니 만나자고 하여 날짜를 잡고 그녀의 집에서 만났다.

밝은 목소리에 눈웃음이 매력적인 그녀와 상담을 시작했다. 외향적인 그녀가 아이 셋을 키우면서 집에만 있어왔던 이야기를 들으며 이미지와는 다른 삶을 살았구나 하는 생각이 들었다. 실제로 그녀는 무언가를 해보려고 했지만 쉽지 않았고 환경도 받쳐주지 않았다고 했다. 그러다 스타일 코칭을 알게 되었고 스타일 변화를 통해 기운을 얻고자 신청했다고 말했다.

우선 역할이 주부이기 때문에 스타일에 큰 변화는 주기가 어려웠다. 그리고 한 가지 놓친 부분이 있다면 지방은 옷을 구매할 장소가 마땅치 않다는 것이었다. 40대 주부였기에 너무 어린 느낌도 너무 올드한 느낌도 피해야 했는데 그러다 보니 너무 캐주얼하게만 스타일링이 되었다.

하지만 그녀가 가지고 싶어하던 밝은 느낌의 컬러를 매치했고 날씬한 다리를 드러내는 6부 화이트 데님과 팔찌 액세서리로 포인트를

| 스타일, 인문학을 입다

주었다. 당시 내가 한창 라이프 코칭을 배우던 때라 그녀에게 자신의 감정을 인식할 수 있도록 도움을 주면서 외적인 변화와 내적인 변화를 같이 진행했다.

　나로서는 정말 기억에 남는 의뢰인이다. 상담 쪽 공부를 시작한 것으로 알고 있는데 그녀의 밝은 목소리만큼 힘차고 긍정적으로 살아가고 있으리라 믿는다.

personal styling

우울증에서 벗어나
변화하고픈 30대 그녀

상담을 보통 외부에서 진행하는데 개인적인 사정으로 외출이 어려워 집으로 방문해서 만났던 의뢰인이다. 그녀는 오랜 기간 외출을 하지 않았고, 그래서 옷도 별로 없었다. 30대 여성이 가지고 있어야 할 기본적인 아이템도 가지고 있지 않았는데, 알고 보니 몸이 좀 불편한 분이었다.

사전에 전화 통화를 할 때 본인이 혼자 다니기가 어려워 팔짱을 끼고 동행해야 한다고 해서 흔쾌히 수락했는데 그런 사정이 있었다. 그녀가 오랜 시간 외출하지 않은 것도 그 영향이 있을 것이다. 그녀의 상황에는 공감하지 못했지만 그녀의 변화하고자 하는 의지는 느껴졌다.

그녀의 이야기를 들으며 원하는 스타일로 바꿔주고 싶은 마음이 꿈틀댔다. 짧지 않은 시간 그녀의 이야기를 들으며 어떤 부분을 적용해야 하는지 고민했다. 그녀는 약해진 마음 때문인지 아니면 불편한 몸 때문인지 강해 보이고 싶어했다. 검은색 부츠를 신고 싶어했고, 가죽재킷도 꼭 하나 사고 싶다고 했다.

상체는 말랐고 하체는 77이라 사이즈 찾기가 쉽지는 않았지만, 다행히 미시 브랜드의 청바지가 잘 어울렸고 상체에 살이 없어 핏되는 티셔츠와 니트를 매치했다. 그녀가 흡족해할 만큼의 변화를 이루고

스타일링을 마무리했다.

　그런데 얼마 후 문득, 그녀와 힐을 구입한 게 과연 잘한 것일까 하는 의문이 들었다. 높은 굽을 신으면 다칠까 봐 닳고닳은 플랫 슈즈를 신고 나온 그녀를 택시에 태워 보내고 나서 당시에는 뿌듯했지만, 후에 생각해보니 그녀는 그저 자신의 새로운 모습을 발견하고 싶었던 게 아닐까 하는 생각이 들었다. 1년 후쯤 연락해봤을 때는 부산에서 일을 하고 있다고 했다. 그녀가 원했던 이미지처럼 강하게 잘 살았으면 좋겠다.

회사와 숙소만
반복하던 20대 그녀

입사 6개월 차, 회사 숙소에서 지내는 그녀는 눈코 뜰 새 없이 바쁘다고 했다. 그래서 숙소와 회사만을 반복하게 되고 그러다 보니 자신은 어디 갔나 하는 생각이 들더란다. 한창 꾸밀 나이인 20대. 하지만 그녀는 여고를 나와 공대에 들어갔고 지금은 남자들이 많은 기술직에 근무하는 터라 꾸밀 시간도, 환경도, 감각도 갖추질 못했다.

이래서는 안 되겠다는 생각이 들었고 여전히 면바지와 티셔츠 차림에서 벗어나지 못하는 자신을 바꿔야겠다는 생각이 들어 스타일 코칭을 신청했다.

이런 상황에 있는 이들에게 내가 공통으로 제안하는 한 가지가 바로 원피스에 도전하기다. 20대임에도 스커트를 입어본 적이 한 번도 없다는 말을 듣는 순간 내 가슴이 왜 그리 아프던지…. 물론 반드시 입어야 하는 건 아니지만 여성으로 태어나서 자신의 여성성을 한 번도 확인한 적이 없다는 말과도 같은 것 아닌가. 물론 원피스만이 여성성을 대변하는 건 아니지만. 아무튼 그녀에게 원피스는 물론 여자 신입사원으로서의 스타일을 선물하기로 했다.

기본 아이템인 청바지와 셔츠 그리고 브라운 가죽재킷으로 발랄하면서 모던한 느낌을 주었다. 그리고 배가 약간 나왔기 때문에 가슴까지는 붙고 허리선을 따라 자연스럽게 떨어지는 실루엣의 원피스를 추천했다. 그녀가 옷을 갈아입고 나왔을 때 얼마나 잘 어울리던지, 아마 스스로도 많이 놀랐을 것이다. 스타일이 변화했다 해서 회사와 집만 오가는 생활이 바뀌진 않았겠지만 스스로를 대하는 태도는 분명 바뀌었으리라 생각한다.

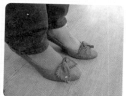

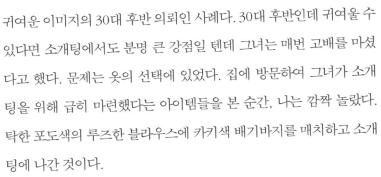

personal styling

소개팅에서 고배를
마시던 30대 그녀

귀여운 이미지의 30대 후반 의뢰인 사례다. 30대 후반인데 귀여울 수 있다면 소개팅에서도 분명 큰 강점일 텐데 그녀는 매번 고배를 마셨다고 했다. 문제는 옷의 선택에 있었다. 집에 방문하여 그녀가 소개팅을 위해 급히 마련했다는 아이템들을 본 순간, 나는 깜짝 놀랐다. 탁한 포도색의 루즈한 블라우스에 카키색 배기바지를 매치하고 소개팅에 나간 것이다.

그녀는 봄 타입으로 화사하고 밝은 색이 잘 어울리는데 회색이 섞인 탁한 컬러로 이미지를 다운시킨 것이다. 그리고 그녀가 매치한 아이템들(헐렁한 블라우스와 배기바지)은 글래머러스한 몸매를 뚱뚱해 보이게 했다.

아무리 귀여운 이미지를 가지고 있더라도 20대의 귀여운 느낌과 30대의 귀여운 느낌은 다르다. 30대에는 귀여우면서도 품위가 느껴지는 아이템을 매치해야 어색해 보이지 않는다. 그래서 상의는 밝고 하의는 차분하게, 아우터는 어울리는 밝은 베이지톤으로 목 부분에 퍼가 달려 고급스러운 느낌이 있는 코트를 제안했다.

일반적으로 코트는 길이가 짧아 무릎 위로 올라올수록 어려 보이며, 무릎을 살짝 덮는 길이일 경우 허리선으로부터의 길이가 길어지므로 키도 더 커 보이는 효과를 준다. 이때 주의할 점은 힐을 매치해

코트 길이만큼 길어진 부분의 균형을 잡아주어야 한다는 것이다.

귀여운 이미지이지만 회사에서는 잘나가는 커리어우먼으로 터프한 매력을 지닌 그녀가 빨리 짝을 찾았으면 하는 바람이다. 다행히 코칭을 받고 소개팅이 순항 중이라는 소식을 들어 기뻤다.

personal styling

사회 초년생

20대 그녀

지방에서 올라와 발령을 기다리는 그녀는 아직 대학생 티를 벗지 못하고 있었다. 전공한 학과대로 취업을 했기에 자신감도 있어 보이고 미래에 대한 기대에도 차 보였다. 약간 보이시한 매력의 그녀는 학생같아 보이는 스타일에서 사회 초년생으로서의 이미지로 바꾸고 싶다고 했다.

그런데 보이시한 이미지 혹은 캐주얼하게 입어왔던 분들은 스타일을 바꾸는 게 쉽지가 않아서 단계별로 변화를 주어야 한다. 이 의뢰인 역시 아이템은 같아도 디자인이나 컬러 면에서 차이를 주어야겠다는 생각을 했다.

어깨가 넓어 상의를 입으면 어깨가 너무 신경 쓰인다고 해서 여러 가지 상의를 입어보았다. 하지만 귀엽거나, 여성스럽거나, 비치거나 하는 상의는 후보자 명단에 오르지도 못했다. 그러다 귀여운 느낌과 컬러 배색의 니트를 발견했고 어깨가 넓어 보이는 디자인이었음에도 아이템을 마음에 들어했다. 편하게 입을 수 있는 면바지와 봄에 어울리는 기본 재킷을 매치해 깔끔한 스타일을 제안했다. 신발은 옥스포드 슈즈를 매치해 보이시함을 살리면서 편안함도 추구하는 사회초년생 룩으로 마무리했다.

사실, 30대보다 20대의 대학생이나 사회 초년생의 스타일 잡기가 더 어렵다. 본인의 이미지나 스타일을 정립해나가는 단계이기 때문에 내가 생각한 이미지대로만 밀고 나갈 수가 없기 때문이다. 이번에도 원피스를 추천했는데 아직 준비가 안 되었다며 구매하지는 못했다. 그녀도 일을 시작하고 2~3년 경력을 쌓다 보면 여성스러운 스타일이 자연스러워지는 때가 오지 않을까 생각해본다.

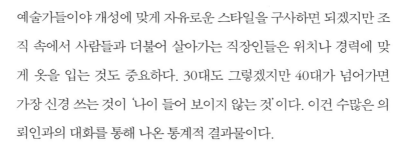

personal styling

커리어에 맞는 이미지가
필요한 40대 그녀

예술가들이야 개성에 맞게 자유로운 스타일을 구사하면 되겠지만 조
직 속에서 사람들과 더불어 살아가는 직장인들은 위치나 경력에 맞
게 옷을 입는 것도 중요하다. 30대도 그렇겠지만 40대가 넘어가면
가장 신경 쓰는 것이 '나이 들어 보이지 않는 것'이다. 이건 수많은 의
뢰인과의 대화를 통해 나온 통계적 결과물이다.

　나이 들어 보이고 싶지는 않고 그렇다고 너무 어려 보이게 입을 수
도 없고, 뫼비우스의 띠를 따라가는 것처럼 해결책이 없어 보인다.

　이럴 때는 본인이 가진 고유의 이미지를 살리는 것이 관건이다.
귀여운 이미지라면 귀엽고 세련된 스타일로, 여성스러운 이미지라
면 여성미가 가미된 세련미로, 모던한 이미지라면 심플하고 세련된
스타일의 아이템을 선택하는 것이 가장 이미지에 맞으면서 나이에도

구애받지 않는 스타일링이다.

　그 이미지를 바탕으로 기본 아이템을 선택하는 것이다. 카디건을 골라도 심플하면서 세련되고 고급스러움도 느껴지는 것을 찾고, 재킷도 마찬가지다. 30대가 넘어가면 '고급스러움'을 무시하지 못한다. 고급스러움은 '비싸 보이는 것'과는 다르다. 의뢰인의 이미지와 어울리면서 좋은 품질의 아이템은 뭔가 '있어 보이는 듯한' 느낌을 준다.

　탁한 컬러와 오래된 디자인만 입어왔던 그녀에게 화사하고 세련된 세미 정장을 세 벌 정도 제안했다. 그리고 가방과 구두까지 나이와 경력에 맞는 세련됨과 함께 좀 더 젊어 보이는 스타일을 찾아냈다. 이후 그녀는 일본 출장을 다녀왔는데 성공적인 스타일만큼이나 좋은 성과를 냈다고 한다.

스타일
코치 톡

당신이
특별한이유

스타일에는 힘이 있다. 새로운 나를 발견하는 힘, 내 안의 자존감과 자신감을 회복하는 힘, 삶의 시작을 함께하는 힘 등 외적인 변화가 내적인 변화까지 끌어낸다. 그것이 내가 스타일 코칭을 시작한 이유이기도 하다.

정도의 차이는 있지만 사람들은 변화를 원한다. 삶의 변화 혹은 관계의 변화 그리고 나 자신의 변화 등 여러 면에서 변화를 추구한다. 스타일을 통해 내가 가진 장점과 매력을 찾고 내가 몰랐던 새로운 부분을 발견할 때의 모습은 스스로에 대해 한 가지 더 알았다는 확신이 되어 자신감과 자존감을 높여준다.

나는 스타일 코치로서 외적인 부분을 바꿔주긴 하지만 외모 지상주의는 아니다. 오히려 외모 지상주의에 대한 인식을 건강하게 바꾸고 싶어하는 사람이다. 외모에 집중되는 사회 분위기를 내면과의 조화로운 스타일로 환기시키고 싶다. 스타일은 삶과 연관되어 있다. 그래서 무조건 예쁘고 멋있기만 한 스타일을 지향하지 않는다. 스타일이 삶에 녹아들어야 하며 나를 드러내야 하는 이유이기도 하다.

많은 그녀들이 스타일 코칭을 통해 본인이 기대한 바를 얼마나 달성했는지는 모르겠다. 하지만 스타일에는 스스로를 사랑하게 만드는 힘이 있으며, 그것만으로도 그들의 삶에 긍정적인 영향을 끼쳤으리라 생각한다. 나 역시 스타일 코칭이 그녀들의 삶에 도움이 되었으면 하는 마음으로 5년 차에 접어든 것이고.

여기에 제시한 스타일 코칭 사례는 4년 전부터 2년 전까지 진행한 것들 중에서 선택했다. 그래서 일부는 촌스러워 보일 수도, 일부는 지못미 스타일일 수도 있다. 블로그 게재를 허락한 의뢰인에 한해 여기 실었지만 혹시나 의뢰인에게 피해가 갈까 하여 코칭을 신청한 지 2년이 넘은 의뢰인으로 기준을 정했다. 혹시라도 수정을 바라는 분들은 연락을 주시기 바란다. 연락을 자주 하는 코치는 아니지만, 언제나 그녀들의 삶이 좋은 방향으로 흐르기를 응원하는 코치로서 고마움을 전한다.

옷을 잘 입는 방법보다는
나를 사랑하는 법을
알려주는 사람이 되고 싶다

세상에는 옷을 잘 입는 사람이 너무도 많다. 지금 당장 번화가로 달려가 5분 정도만 서 있어도 평균 이상의 센스를 가진 사람을 열 명 정도는 만날 수 있을 것이다.

상대적으로 나는 그들처럼 옷을 잘 입지는 못한다. 그냥 내가 편한 대로 입을 뿐이다. 옷은 그 사람을 돋보이게 하는 데 분명히 중요한 요인이다. 그리고 삶에서는 내가 돋보여야 하는 순간이 반드시 있게 마련이다. 스타일 코칭을 하면서 알게 된 건 자신의 외적인 부분을 바꾸고 싶어서 의뢰하는 사람도 있지만 내 스타일을 찾아 스타일링 능력을 키우고 싶어 의뢰하는 사람의 비율도 높다는 점이다. 나에게 어떤 스타일이 어울리는지 알고자 하는 시도는 나에 대해 좀 더 관심을 갖고 알고자 하는 시도이기도 하며 자기 관심의 출발점이기도 하다.

사람들은 누구나 자신을 가장 잘 안다고 생각하지만 그건 혼자만의 착각일 때가 많다. 내가 무엇을 할 때 기분이 좋은지, 어떤 옷을 입었을 때 으쓱한지, 내가 어떤 사람인지 등을 전혀 알지 못하고 그냥 내가 하는 일에 의해, 직업에 의해, 상황에 의해 판단되고 재단된다.

그래서 스타일은 본인에 대해 더 알고자 하는 하나의 노력이기도 하다. 사람은 스스로를 더 잘 알수록 자신감을 갖게 되고 자존감도 커진다. 그 이유는 내가 주도적으로 선택할 수 있는 것들이 많아지기 때문이다.

쇼핑이 재미없고 힘든 것도 마찬가지 이유에서 출발한다. 내가 어떤 아이템을 선택했을 때 그 선택이 올바른지 아닌지에 대한 확신이 없고, 그래서 그 선택의 주도권을 쥐지 못하기 때문이다. 나에게 어떤 옷이 잘 어울리는지 아는 사람은 그래서 쇼핑이 즐겁고 아이템을 선택하는 데 주저함이 없다.

이처럼 나에 대해 알아가는 과정은 내가 선택할 수 있는 것들에 대한 주도권을 내 쪽으로 끌어오는 과정이다. 스타일 코칭을 통해 사람들이 자신감을 갖게 되는 데에는 외적인 부분의 변화도 있지만 자신에 대해서 좀 더 알게 되고 주도적 선택에 한발 더 다가갔기 때문이기도 하다. 그래서 외모를 꾸미고 예쁘게 보여야 하는 것보다 중요한 건 나를 가꿀 줄 안다는 것, 그것이 바로 나를 사랑하는 사람과 아닌 사람의 차이다. 또한 옷을 못 입는 게 죄가 아니고 나를 사랑하지 않는 게 죄라고 말할 수 있는 감성적 뒷받침이다.

5년 전 재능세공사님의 도움을 받아 스타일 코칭을 시작했는데, 나 역시 나를 제대로 사랑하게 된 시점이 그때인 것 같다. 내가 좋아하는 일을 하면서 사람들을 도울 수 있었고 그런 점에서 나라는 사람이 더 좋아졌다. 나라는 사람, 내가 하는 일 그리고 나와 만나는 사람들…. 나를 사랑하는 사람만이 사람들을 웃게 만들 수 있다. 나는 그렇게 나와 만나는 사람들과 함께 웃는 사람이 되고 싶다. 그리고 스타일 코칭을 통해 옷을 잘 입는 방법보다 나를 사랑하는 방법을 가르쳐주는 사람이 되고 싶다.

Special thanks to

힘들고 외로울 때 따뜻한 조언과 한발 내디딜 수 있는 용기를 준 자기다움 카페 식구들과 고삐 풀린 망아지처럼 자신만만하게 앞으로 나가기만 하는 저를 되돌아보게 한 글통삶 카페 그리고 책에 대한 열망을 다시 잡아준 내 인생의 첫책쓰기 오병곤 선생님께 감사의 말씀 드립니다. 조용한 응원 속에 긴장과 자극으로 나태함에 빠지지 않게 해준 가족과 남들과 다른 길을 가는 친구를 위해 물심양면으로 응원해준 친구들(조땡, 유재, 유헴, 만정, 최쥐, 민숙, 영숙, 선승, 시현)에게도 감사드립니다.

이미지 사용을 허락해준 영국 브랜드 TOPSHOP(www.topshop.com)과 MANGO KOREA(www.mango.com) 그리고 온라인 쇼핑몰 sheinside(www.sheinside.com)에도 깊은 감사의 말씀드립니다.

마지막으로 출간에 대한 열정이 난관에 부딪힐 때마다 도움을 주신 지인들과 책 출간이라는 소망이 실현되도록 도움을 준 출판사 북포스에 진심으로 감사의 말씀 드립니다.

| 부록 1 | 성별, 연령별 머스트해브 아이템

| 대학생 · 직장인 여성 |

기본 아이템	봄	여름	가을	겨울
제대로 된 속옷	4계절용			
데님 2벌	4계절용 기본 1, 시그니처 1			
티셔츠 2장	3계절용 이너 활용 반팔 티셔츠 흰색 1, 컬러 1			긴팔 티셔츠 흰색 1, 컬러 1
카디건 (봄, 가을, 겨울 3계절용 가능)	기본 1 시그니처 1	여름용 1 (없어도 됨)	기본 1 시그니처 1	기본 1 시그니처 1
데이 드레스 (봄, 여름/가을, 겨울 2계절용 가능)	일상용 1 특별한 날용 1	일상용 1 특별한 날용 1	일상용 1 특별한 날용 1	일상용 1 특별한 날용 1
아우터 - 재킷, 코트, 점퍼, 사파리 (봄, 가을 2계절용 가능)	재킷 얇은 거 1 두꺼운 거 1 트렌치코트 1	x	재킷 얇은 거 1 두꺼운 거 1 트렌치코트 1	코트 기본 1 시그니처 1 추울 때 입는 패딩 또는 사파리 1
정장 바지와 스커트 (봄, 가을 2계절용)	바지 1, 스커트 1	바지 1, 스커트 1	바지 1, 스커트 1	바지 1, 스커트 1
블라우스 또는 셔츠	흰색 1, 컬러 1	흰색 1, 컬러 1	흰색 1, 컬러 1	흰색 1, 컬러 1
니트 또는 스웨터	기본 1 시그니처 1	기본 1 시그니처 1	기본 1 시그니처 1	기본 1 시그니처 1
신발	플랫 슈즈 1 펌프스 1 + 토오픈 1	플랫 슈즈 1 펌프스 1 + 샌들 1	플랫 슈즈 1 펌프스 1 + 부띠 1	플랫 슈즈 1 펌프스 1 + 부츠 1
가방	4계절용 캐주얼용 1 토트백(포멀) 1, 숄더백(포멀) 1			
액세서리 (스카프, 머플러 등)	기본 1 시그니처 1	기본 1 시그니처 1	기본 1 시그니처 1	기본 1 시그니처 1
운동복 스타일의 캐주얼	봄, 가을, 겨울용 1	여름용	봄, 가을, 겨울용 1	봄, 가을, 겨울용 1

시그니처: 나의 취향과 개성을 드러낼 수 있는 특별한 아이템
정장 바지와 스커트: 특별한 모임용으로 대체 가능
같은 컬러: 공통으로 사용 가능한 아이템(봄, 가을이 같은 색이면 두 계절 활용 가능)

기본 아이템	봄	여름	가을	겨울
제대로 된 속옷	4계절용			
데님 2벌	4계절용 기본 1, 시그니처 1			
티셔츠 2장	3계절용 이너 활용 반팔 티셔츠 흰색 1, 컬러 1			긴팔 티셔츠 흰색 1, 컬러 1
캐주얼 남방 (봄, 가을 2계절용)	흰색 1 컬러 1	흰색 1 컬러 1	흰색 1 컬러 1	흰색 1 컬러 1
치노 팬츠	어두운 색 1 밝은 색 1	어두운 색 1 밝은 색 1	어두운 색 1 밝은 색 1	어두운 색 1 밝은 색 1
아우터 – 재킷, 코트, 점퍼, 사파리 (봄, 가을 2계절용)	점퍼, 블루종 1 재킷 1 트렌치코트 1	x	점퍼, 블루종 1 재킷 1 트렌치코트 1	코트 기본 1 시그니처 1 추울 때 입는 패딩 또는 사파리 1
슈트 2벌 (봄, 가을 2계절용)	어두운 계열 1 밝은 계열 1	어두운 계열 1 밝은 계열 1	어두운 계열 1 밝은 계열 1	어두운 계열 1 밝은 계열 1
슈트 셔츠 (봄, 가을 2계절용 가능)	흰색 2 특별한 날용 1	흰색 2 특별한 날용 1	흰색 2 특별한 날용 1	흰색 2 특별한 날용 1
니트 또는 스웨터	기본 1 시그니처 1	기본 1 시그니처 1	기본 1 시그니처 1	기본 1 시그니처 1
카디건 (봄, 가을, 겨울 3계절용 가능)	기본 1 시그니처 1	여름용 1 (없어도 됨)	기본 1 시그니처 1	기본 1 시그니처 1
신발	구두 1 스니커즈 1 + 로퍼 1	구두 1 스니커즈 1 + 여름 슈즈 1	구두 1 스니커즈 1 + 가을 슈즈 1	구두 1 스니커즈 1 + 겨울 슈즈 1
가방	4계절용 캐주얼용 1 토트백(포멀) 1, 숄더백(포멀) 1			
액세서리 (스카프, 머플러)	기본 1 시그니처 1	기본 1 시그니처 1	기본 1 시그니처 1	기본 1 시그니처 1
운동복 스타일의 캐주얼	봄, 가을, 겨울용 1	여름용	봄, 가을, 겨울용 1	봄, 가을, 겨울용 1

기본 아이템	봄	여름	가을	겨울
제대로 된 속옷	4계절용			
데님 2벌	4계절용 기본 1, 시그니처 1			
캐주얼 하의 (바지 또는 스커트)	3계절용 캐주얼 하의 2			겨울용 2
티셔츠 2장	3계절용 이너 활용 반팔 티셔츠 흰색 1, 컬러 1			긴팔 티셔츠 흰색 1, 컬러 1
카디건 (봄, 가을, 겨울 3계절용 가능)	기본 1 시그니처 1	여름용 1 (없어도 됨)	기본 1 시그니처 1	기본 1 시그니처 1
데이 드레스 (봄, 여름/가을, 겨울 2계절용 가능)	일상용 1 특별한 날용 1	일상용 1 특별한 날용 1	일상용 1 특별한 날용 1	일상용 1 특별한 날용 1
아우터 – 재킷, 코트, 점퍼, 사파리 (봄, 가을 2계절용)	재킷 얇은 거 1 두꺼운 거 1 트렌치코트 1	x	재킷 얇은 거 1 두꺼운 거 1 트렌치코트 1	코트 기본 1 시그니처 1 추울 때 입는 패딩 또는 사파리 1
특별한 모임용 바지와 스커트 (봄, 가을 2계절용)	바지 1, 스커트 1	바지 1, 스커트 1	바지 1, 스커트 1	바지 1, 스커트 1
블라우스 또는 셔츠	흰색 1, 컬러 1	흰색 1, 컬러 1	흰색 1, 컬러 1	흰색 1, 컬러 1
니트 또는 스웨터	기본 1 시그니처 1	기본 1 시그니처 1	기본 1 시그니처 1	기본 1 시그니처
신발	플랫 슈즈 1 펌프스 1 + 토오픈 1	플랫 슈즈 1 펌프스 1 +샌들 1	플랫 슈즈 1 펌프스 1 +부띠 1	플랫 슈즈 1 펌프스 1 +부츠 1
가방	4계절용 캐주얼용 1 토트백(포멀) 1, 숄더백(포멀) 1			
액세서리 (스카프, 머플러 등)	기본 1 시그니처 1	기본 1 시그니처 1	기본 1 시그니처 1	기본 1 시그니처 1
운동복 스타일의 캐주얼	봄, 가을, 겨울용 1	여름용	봄, 가을, 겨울용 1	봄, 가을, 겨울용 1

| 부록 2 | 퍼스널 스타일링 프로세스

퍼스널 스타일링을 위해 알아야 하는 것

① 나(이미지＋체형)

② 내가 원하는 모습(개성, 정체성, 페르소나)

③ 표현하기(스타일링)

나다운 스타일로 드러나기 위해서는?

나의 장점과 매력 발견하기

성격상 마음에 드는 점 10가지(예: 순한 편인 내가 좋다.)

외모상 마음에 드는 10가지(예: 눈이 큰 내가 좋다.)

능력상 마음에 드는 10가지(예: 사교성이 좋은 내가 좋다.)

나의 이미지(고유의 느낌과 분위기)

나의 기본, 중간, 약한 이미지를 정리해 적어보고 컬러를 추려보자.

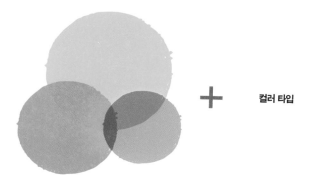

+

컬러 타입

나의 이미지와 어울릴 것 같은 디자인(선, 패턴, 컬러) 스크랩

나의 체형(실루엣과 비율)

나는 어떤 체형인가?(중복 선택 가능)
여자: X, V, A, I, O/H
남자: T, I, O, H

● 나의 체형적 장점, 그리고 그 장점을 드러내는 방법 한 가지를 적
  어보자.

● 나의 체형적 단점, 그리고 그 단점을 보완하는 방법 한 가지를 적
  어보자.

● 어떤 옷을 선택할 것인가? 디자인, 실루엣, 비율, 핏 등의 면에 대
  해 적어보자.

장점 부각/단점 보완 아이템 스크랩(상의)

내 체형을 돋보이게 하는 실루엣과 비율의 상의를 선택해보자.
(블라우스, 남방, 니트, 아우터 등)

장점 부각/단점 보완 아이템 스크랩(하의)

내 체형을 돋보이게 하는 실루엣과 비율의 하의를 선택해보자.
(스커트, 면바지, 원피스 등)

나의 취향 스크랩

좋아하는 느낌/선호하는 분위기에 해당하는 형용사를 전부 적어보고(본문 00쪽 참조), 그에 어울리는 아이템을 선택하여 스크랩해보자.

상황별로 내가 원하는 모습은?

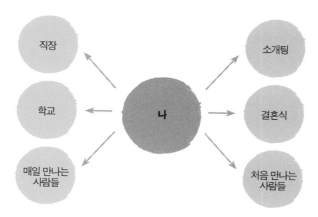

삶은 크게 일상과 비일상(특별한 날)으로 나뉜다. 삶에서 보이는 많은 모습이 모여 나를 이루어 가며 그건 기질과 성향 + 외부적 요인의 균형을 통해 만들어진다.

TPO에 적합한 룩을 완성해보자.

편하게 입을 때(캐주얼), 갖춰 입을 때(포멀) 중 평소 어려웠던 룩 하나

를 선택하여 전체 룩을 완성해보자.

(상의＋하의＋신발＋아우터＋가방＋기타 액세서리)